西方生命美学经典名著导读丛书

南京大学美学与文化
传播研究中心
主编

在魔鬼与天使之间

弗洛伊德《弗洛伊德论美文选》导读

范 藻 著

江苏凤凰文艺出版社
JIANGSU PHOENIX LITERATURE AND
ART PUBLISHING

图书在版编目（CIP）数据

在魔鬼与天使之间：弗洛伊德《弗洛伊德论美文选》导读 / 范藻著. -- 南京：江苏凤凰文艺出版社，2025.8. --（西方生命美学经典名著导读丛书）.
ISBN 978-7-5594-9734-5

Ⅰ. B84-065；B83-095.21
中国国家版本馆CIP数据核字第2025P91J77号

在魔鬼与天使之间：
弗洛伊德《弗洛伊德论美文选》导读

范藻 著

出 版 人	张在健
责任编辑	孙金荣
责任印制	杨 丹
出版发行	江苏凤凰文艺出版社
	南京市中央路165号，邮编：210009
网　　址	http://www.jswenyi.com
印　　刷	苏州市越洋印刷有限公司
开　　本	787毫米×1092毫米　1/32
印　　张	8.25
字　　数	180千字
版　　次	2025年8月第1版
印　　次	2025年8月第1次印刷
书　　号	ISBN 978-7-5594-9734-5
定　　价	48.00元

江苏凤凰文艺版图书凡印刷、装订错误，可向出版社调换，联系电话 025-83280257

目 录

引言:逃逸魔鬼之旅 ………………………………… 1

上篇:美学思想概说

第一章 人生体验的悲剧感 ……………………… 8
第一节 置身反犹恶潮,他坚韧沉着 ………… 9
第二节 面对同道背弃,他特立独行 ………… 15
第三节 感受生活悲喜,他乐观坚强 ………… 22

第二章 艺术理论的升华说 ……………………… 30
第一节 本质论:升华人生 …………………… 31
第二节 创造论:转换场域 …………………… 39
第三节 方法论:探寻新路 …………………… 46

第三章 美学思想的生命论 ……………………… 54
第一节 生命的悲本体 ………………………… 55
第二节 精神的原动力 ………………………… 64
第三节 意识的最深处 ………………………… 74
第四节 人格的三结构 ………………………… 84
第五节 梦幻的创造性 ………………………… 93

1

下篇：论美文选解说

第一章　重建艺术之都 …… 103
- 第一节　剖析"变态人物" …… 104
- 第二节　解析"白日梦幻" …… 119
- 第三节　研析"不可思议" …… 134

第二章　感受审美之乐 …… 146
- 第一节　发掘性力的内涵 …… 147
- 第二节　发现幽默的魅力 …… 158
- 第三节　发挥快乐的力量 …… 171

第三章　开掘生命之美 …… 187
- 第一节　童年期的意义 …… 188
- 第二节　经典性的案例 …… 200
- 第三节　生命美的追求 …… 213

结语：踏上天使之路 …… 227

附录一：沿波讨源　虽幽必显——《弗洛伊德论美文选》的逻辑结构 …… 238

附录二：超越艺术　拥抱生命——《论非永恒性》的美学价值 …… 250

后记：弗洛伊德是一面镜子 …… 254

引言:逃逸魔鬼之旅

> 我并不是一个真正的科学家,也不是一个观察家和实验家,更不是一个思想家。我只不过是一个具有征服者气质——好奇、勇敢和坚持不懈——的征服者罢了。[①]
> ——弗洛伊德

撒旦,西方宗教文化的"魔鬼"。

他是诱惑者,引诱亚当、夏娃偷食伊甸园的禁果。

他是叛逆者,挑战上帝的尊崇而被逐出伊甸园。

他是原罪者,导致了人类逃离不出的无边苦海。

弗洛伊德,西方现代文化的"魔鬼"。

他开创的"无意识",直接将人类的理性沉入冰海。

他推崇的"性本能",彻底将人类打回到动物世界。

他发掘的"白日梦",重新将人类的创造动机改写。

那么,他是魔鬼吗?不是。当代人本主义哲学家弗洛姆评说他在"本质上是一个悲剧式人物","他的天才、他的诚实、他的勇气,以及他生活的悲剧特征,既令人尊敬和钦佩,又使人充满

---

① [奥地利]弗洛伊德:《弗洛伊德论美文选·译者序》,张唤民、陈伟奇译,知识出版社,1987年版,第2页。

着对一个真正的伟大人物的爱戴和同情。"[①]北京大学哲学系教授尚新建说道："一方面,他被奉为顶礼膜拜的偶像;另一方面,他又被斥为招摇过市的骗子、伪科学家、色情狂。"[②]

的确,19世纪和20世纪之交的奥地利维也纳,是欧洲乃至全世界的文学、艺术、建筑、音乐和哲学的大本营,时势造英雄,期待医学和心理学的现代革新也正呼之欲出,喷薄而发,只等着英雄们登上时代的舞台一显身手了。那么,我们应当如何看待这位英雄式的悲剧人物呢?

他以悬壶济世的职业和特立独行的思想,引导人类逃逸了"魔鬼"之旅,并踏上了"天使"之途。

他就是西格蒙德·弗洛伊德(Sigmund Freud),一位奥地利的精神病医师、心理学家、精神分析学派创始人。

一、他的身世

弗洛伊德,1856年5月6日出生于奥匈帝国的摩拉维亚省弗赖堡镇(即今捷克共和国的普日博尔市)的一个犹太家庭,1939年9月23日在英国伦敦去世。

1. 家庭生活:他的父亲是一位做毛绒生意的商人,虽不富有但很坚强,为人诚实而单纯。他的母亲是他父亲的第三任妻子,美丽智慧,悉心呵护着他,和弗洛伊德一起生活了七十多年。童年的弗洛伊德,保姆教给他生活知识,母亲教他识字,父亲引

---

① [美]埃利希·弗洛姆:《弗洛伊德的使命》,尚新建译,生活·读书·新知三联书店,1986年版,第139—140页。
② [美]埃利希·弗洛姆:《弗洛伊德的使命·译者的话》,尚新建译,生活·读书·新知三联书店,1986年版,第1页。

导他学习犹太教的历史、地理知识,难能可贵的是他的"父亲还是坚持我应完全根据自己的爱好来选择职业"[1],这些为他的成长提供了非常宽松的家庭环境。

1886年他和深爱四年的玛尔塔·贝尔纳斯结婚,育有三男三女,他一直从事自己的事业。妻子处理家务外,还热爱读书。唯有小女儿安娜继承父业,成了著名的精神分析学家。

2. 求学生涯:自幼在家接受父亲的宗教教育和犹太民族传统教育,9岁时弗洛伊德以优异成绩进入中学,他的成绩连续七年名列前茅,几乎全部课程都是免试通过,他研习了从古希腊到古罗马的古典文学,还学习了拉丁语、希腊语、法语和英语,还自学了西班牙语和意大利语,酷爱莎士比亚的戏剧、歌德的散文和大自然,关注当时正在进行的普法战争。他崇拜亚历山大、汉尼拔、拿破仑等历史伟人,还想做一名律师,成为治理国家的政治家。

1873年,他以极高的分数考入维也纳大学医学院,除了学好本专业的课程外,他博览群书,广泛涉猎,推崇达尔文进化论思想。1881年他获得医学博士学位,从学校毕业。

3. 行医历程:毕业第二年,他即进入维也纳综合医院工作,先任外科医生,后任内科实习医生,不久又任精神病治疗科副医师,期间还从事过皮肤病和耳鼻喉科、儿科的诊疗工作。1886年春,在维也纳他开始以神经病医师的身份私人开业行医,每天的工作时间都是十个小时左右,他先后用麻醉法、催眠法、自由联想法和自我分析、梦的分析等,从事临床治疗工作。期间治好

---

[1] [奥地利]弗洛伊德:《弗洛伊德自传》,张霁明、卓如飞译,辽宁人民出版社,1986年版,第3页。

了一个患有深度歇斯底里症的安娜姑娘,她又健康生活了五十多年。弗洛伊德的医术和医德获得了广泛的认同。

1938年,弗洛伊德流亡英国后,尽管口腔癌到了晚期,他"每天都用铁的纪律性接待分析四名病人,但是这也无法掩盖他已无可救药的状态"[①]。其高尚的医德所显示的敬业精神值得赞颂。

二、他的治学

宋朝诗人陆游说:"纸上得来终觉浅,绝知此事要躬行。"来自丰富的临床医疗实践,又予以理论探索的总结,构成了弗洛伊德治学生涯的全部过程。

1. 科学研究:弗洛伊德的研究不是闭门造车,他的理论直探人类心灵深处,他依据的是多年积累起来的临床经验,大量的医疗病例。他怀有崇高的医学理想,更有天才般的洞悉能力,并能在种族歧视、身患疾病和学术纷争中坚持始终。在研究过程中,他还善于剖析自我,观察并反思自己平日里的言行,如果是半夜做了梦,他会立即记录梦境,清晨起床就分析这个梦。1939年3月,他出版了他最后一部著作《摩西与一神教》(英文版)。

他的科学研究,不是画地为牢,而是突破人的生理而进入人的心理,超越人的意识层面而进入人的无意识深处,并善于反躬自问,从而开创出震古烁今的精神分析学。

2. 研究领域:弗洛伊德著作等身,它们是:《歇斯底里研究》《梦的解析》《日常生活中的心理病理学》《多拉的分析》《玩笑及

---

① [奥地利]格奥尔格·马库斯:《弗洛伊德传》,顾牧译,人民文学出版社,2021年版,第226页。

其与无意识的关系》《弗洛伊德自传》《性学三论》《精神分析运动史》《列奥纳多·达·芬奇和他对童年时代的一次回忆》《图腾与禁忌》《论无意识》《超越唯乐原则》《群体心理学与自我的分析》《文明及其不满》《焦虑问题》《幻想的未来》《自我和防御机制》《摩西与一神教》《文明的缺陷》。

其中涉及的领域：生理学，心理学——无意识心理学、深层心理学，传记学，文化学，再延伸到了哲学、美学、艺术学、教育学、历史学、文化人类学……真可谓"君子不器"！

3. 学术活动：1902年与阿德勒等创办"星期三心理学研究组"。1909年应邀出席美国克拉克大学校庆，还作了系列性的学术演讲。从1908年到1932年，由他发起成立的"国际精神分析学大会"，他出席了十二次会议，尽管他没有担任重要职务，但每次都发表重要的学术报告。直至1938年8月，国际精神分析学会还就有关的学术问题，专程到他家征求意见。

弗洛伊德善于组织团结同行而不在乎个人的地位，其目的是探讨交流和宣传精神分析学说，尽管其间有阿德勒、荣格等因学术见解的不同而"另立门户"，但他还是不离不弃。

三、他的影响

弗洛伊德留给后世的影响是长久的，不由得令人想起了臧克家纪念鲁迅逝世十三周年的感悟："有的人死了，他还活着。"

1. 在医学界：弗洛伊德尽管有多个身份，但医生——心理医生无疑是他的"主业"，因此他的影响首先是在医学界，主要体现在他的精神分析理论和治疗方法上，并对精神病学和临床心理学有着深远的影响。他对无意识的作用以及儿童期经验对人的心理与人格影响的见解，里比多与文明和生命成长的关系等，这些观点被广泛认可和应用。他的潜意识理论和梦的解析等著作,揭示了人类心理的深层机制,对精神疾病的疗救发挥了巨大的作用。

他的理论体系虽然缺乏严格的科学性和可验证性,受到了当时和后世的批评和修正,但是,人们从他的医学实践中感受到其中的合理性,依然利大于弊,并具有极大的开创性价值。

2. 对人文界:弗洛伊德首创的精神分析学,不但加深和扩展了心理学的层次和应用,如他的无意识说、三重人格说,而且还广泛应用于文学批评,如文本的深层阅读、作者的潜意识分析。在艺术创作中,性意识和梦境的意义,还有美学理论的性力本能、快乐原则、俄狄浦斯情结等,无不给予生命美学直接而有力的支持。在教育学领域如儿童的早期教育、心理发展、人格养成等极具深刻的启发意义。

在治疗人的疾病问题上,弗洛伊德由医学到心理学,实际上已经跨入人文领域了。尽管他还不是专业意义上的哲学家、美学家、文学家和教育学家,但他关注的是人的发展,当之无愧地荣膺这些称呼。

3. 就当代性:弗洛伊德逝世八十多年了,他创立的精神分析学也是一百多年了,纵观这一个世纪,正如弗洛姆评说的:"弗洛伊德的目的是要创造一个运动,以争取人的伦理解放,建立一个新的、世俗的、科学的宗教,让杰出人物指引人类。"[①]他将人类从几千年的理性主义桎梏下解放了出来,为非理性主义建立了稳固的心理学和人类学基础,但是"解放"的当代性意义,仍然

---

① [美]埃利希·弗洛姆:《弗洛伊德的使命》,尚新建译,生活·读书·新知三联书店,1986年版,第123页。

需要在开拓中反思,虽然今天人类仍然需要在更多的领域实现解放。

在认识人的问题上,他是一个杰出的英雄人物,而不是"魔鬼",但人类依然需要一百年前鲁迅所呼唤的"立意在反抗,指归在动作"的"魔鬼精神"。

上篇:美学思想概说

第一章　人生体验的悲剧感

> 人生就像弈棋,一步失误,全盘皆输,这是令人悲哀之事;人生却不如弈棋,无法重新来过,也不能悔棋。[①]
> ——弗洛伊德

他不是魔鬼,却是挑战人类理性文明的撒旦;

他不是撒旦,却要接受个人命运的无情审判。

弗洛伊德生于小康人家,拥有和睦家庭,建立学术功名,赢得历史尊重,然而,世俗意义上的幸福和成就,并不能冲淡他艰难困苦的人生痕迹。

《孟子·万章下》:"颂其诗,读其书,不知其人可乎?是以论其世也。"由此形成一个成语"知人论世",说明要了解一个人就得先要知道他所处的时代背景和生活环境。沿着这个思路,我们将惊喜地发现"他这个人和他的研究之间存在的内在联系"[②]。

---

① 皮波人物国际名人研究中心:《弗洛伊德》,国际文化出版公司,2013年版,封底。

② [奥地利]格奥尔格·马库斯:《弗洛伊德传·前言》,顾牧译,人民文学出版社,2021年版,第3页。

历史是背景,时代是舞台,生活是戏剧,每个人就是演员,不论你扮演什么样的角色。

第一节　置身反犹恶潮,他坚韧沉着

一个人无法选择出身,但可以选择出路;一个人不能选择父母,但可以选择人生。

造成弗洛伊德个人莫大不幸的是他出生在一个犹太家庭,但让犹太民族,乃至人类有幸的是,他能够与马克思、爱因斯坦并立为近代"犹太三杰"。

犹太民族是起源于古代中东的一个没有"祖国"的民族,漂泊和苦难、坚韧和智慧是这个民族的标记。弗洛伊德的一生几乎就是这个民族在近代遭遇的浓缩,他无法改变自己身上的犹太印记,更不能改变这个民族的悲惨命运,但他却用自己天才的创造力、坚强的意志力和沉着的隐忍力,不仅给这个民族,而且给人类留下了一笔宝贵的思想财富。

一、种族的影响

弗洛伊德的祖上居住在莱茵河畔的科隆附近,由于是犹太人,受到迫害,向东逃难到了立陶宛,19世纪,穿过加利西亚,又迁返来到奥匈帝国的摩拉维亚省弗赖堡镇,他父亲40岁时有了弗洛伊德这个儿子。他在自传里写道:"我父母都是犹太人,我自己至今仍然是个犹太人。"[1]这个先天的因素,在他一生的经

---

[1] [奥地利]弗洛伊德:《弗洛伊德自传》,张霁明、卓如飞译,辽宁人民出版社,1986年版,第2页。

历中起到了重要而不可忽略的作用。

他的父亲是一位乐于助人、心地善良的犹太商人,他的文化水平不高,但会抓紧一切机会向自己的儿子传授人生知识、生活经验和家族的历史。父亲从弗洛伊德小的时候起经常带着他外出散步,途中不断跟儿子聊天对话,以至于散步成为弗洛伊德的终生爱好。

记得,在一次散步时,父亲给他讲了一件深深影响了他一辈子的事情。父亲说:"当我年轻的时候,有一个星期六,我在你出生的大街上散步;我穿得很讲究,头上还戴着一顶新的皮帽。一位基督徒走到我跟前,打了我一顿,把我的帽子扔在地上。他喊道:'犹太鬼!滚出人行道!'"儿子马上问道:"你当时怎么办?"父亲平静地回答说:"我走到马路上,并捡起我的帽子,离开那里。"父亲高大的形象或许在儿子眼中坍塌了,但父亲坚忍的性格的确在儿子心中扎根了。面对这个矛盾的父亲,当时他百思不得其解,这对他日后探究人意识背后的缘由、人格深处的构成,不能不说是至关重要的"一桩大事"。

每逢周末父亲老弗洛伊德还带着儿子到郊外欣赏优美宁静的大自然,这陶养了小弗洛伊德向往单纯、热爱自然和追求健康的人生观。在他65岁时,一次和同伴爬哈尔茨山,竟把那些年轻人远远地甩在后面。

如果说他的父亲一直以自己犹太人的身份而畏首畏尾,同样是犹太人的他的母亲,因其比他的父亲小二十岁,却对自己的犹太人身份引以为傲。这是一位智慧的母亲,允许弗洛伊德在房间里用当时算是奢侈的汽油灯来看书学习,而他妹妹的卧室却还只是烛光灯。她还经常对小弗洛伊德讲"你以后会成为一个大人物"。

弗洛伊德始终热爱、尊敬母亲。成年后，星期日是他的休息日，不接待病人。早晨，弗洛伊德总会去看望他的母亲，跟母亲在一起时，听她唠叨家长里短。傍晚，他的姐妹们通常都会过来和母亲一起聚餐。母亲对弗洛伊德的影响比父亲更深远。这不仅是因为母亲对弗洛伊德给予了深切的关怀，使弗洛伊德对他母亲建立了很深厚的感情，而且还因为母亲比弗洛伊德的父亲更长久地同弗洛伊德生活在一起。

弗洛伊德说，母亲对他的影响至少有两点：一是，拥有了"女性尊崇"的意识，表现在对女性尊重与接纳。他对母亲的热爱使他在一生中从来都没有指责过女性背弃了他或欺骗了他。二是，看到了"恋母情结"的影子。他在自我分析中发现，自己从小就有亲近母亲的特殊感情，而且这种感情具有排他性、独占性——甚至由此妒忌父亲对母亲的态度。从这里可以找到儿童也有"性欲"的最初证据。

二、社会的歧视

由于与欧洲主流宗教的冲突，由于没有家园的四处漂泊，犹太民族备受欧洲民众的歧视和打压，然而，他们并未灰心丧气，而是将悲剧命运和忧患意识化作前行动力，推动着人类文明不断进取，在政治、科学、艺术和经济活动中显示出顽强的拼搏精神，取得了显著的社会成就，这更加招致非犹太民族的排挤。莎士比亚笔下的犹太商人夏洛克在欧洲文化中影响深远，几乎成为犹太人的代名词，就可见一斑。

幼年的弗洛伊德似乎还未感受到，随着年岁的增长，不免要面对和接受这个不公正的待遇。弗洛伊德以优异的成绩进入维也纳大学，虽然他全力投入学习，每周要上 23 小时的课，余下的时间不是做实验,就是博览群书,由于买书太多,还和父亲有些不愉快。但是,"犹太人"的出身,依然让他感觉到了无形的压力和明显的失望。"我发现别人指望我该自认为低人一等,是个外人,因为我是犹太人。"① 不明白人们为何要这么在乎一个人的"血统",但他坚信自己不是劣等人,也不为此而感到特别的懊恼,就像他说的:"尽管受孤立,但一个积极同大家一起工作的人是能够从这个人类的组织中找到某种慰藉或安身之地的。"② 这刚好印证了中国人说"逆境出人才",西方人说"天才都是孤独的"。这些不利因素,没能消磨他的意志,减缓他的热忱,反而"为我后来一定程度的判析的独立性打下了基础"。③ 当然,这不仅是医学专业的基础,也有健康心理的基础,更有进取人格的基础。

弗洛伊德研究精神分析的第一个阶段,大约是1895年至1907年,他在自传中说这是"孤军奋战"的岁月,"在欧洲,我感到大家好像都看不起我",人们不相信他的学说的很重要的一个原因就是他的犹太人身份。还有他在维也纳大学的十二年,担任了只上课而没有报酬的讲师,从1897年到1899年连续三年申请编外教授职称而名落孙山,原因就一个:他是犹太人。直至1902年他才获得这个职称。1900年他出版了《梦的解析》,八年里只卖出了六百册。1927年《幻想的未来》一出版,即受到宗教

---

① [奥地利]弗洛伊德:《弗洛伊德自传》,张霁明、卓如飞译,辽宁人民出版社,1986年版,第4页。
② [奥地利]弗洛伊德:《弗洛伊德自传》,张霁明、卓如飞译,辽宁人民出版社,1986年版,第4页。
③ [奥地利]弗洛伊德:《弗洛伊德自传》,张霁明、卓如飞译,辽宁人民出版社,1986年版,第4页。

界的猛烈攻击。可见当时反犹太的浪潮是何等的猖狂和肆虐，可谓"黑云压城城欲摧"，他唯有"甲光向日金鳞开"。

他曾在给恋人玛尔塔通信时说："做一个犹太人是辛酸的，时时需要逆来顺受；父亲雅各布是这样，但儿子西齐斯蒙德在这方面却不愿继承。"[1]弗洛伊德的研究专家欧内斯特·琼斯说道："他的犹太血统确实具有很重要的地位，犹太血统中面对强敌仍能够沉稳应战和立场坚定的作风都在弗洛伊德身上得到了彻底的印证。"[2]的确，他将压力变为动力，在不利中发现有利，从而彰显出他坚韧的品性、坚守的精神和坚持的毅力。这正是作为一个心理学家的基本素养，也是作为一个追求真理的学者的人生姿态。

正可谓："艰难困苦，玉汝于成。""黑夜给了我黑色的眼睛，我却用它寻找光明。"

三、纳粹的迫害

欧洲的反犹太运动从罗马时期到十字军东征，有着上千年的历史，而在 20 世纪 30 年代随着希特勒的上台，达到了前所未有的程度。彼时，尽管弗洛伊德已经享有世界性的声誉，他领衔的精神分析学说已经在欧亚美得到了广泛的认可，但是，依然逃脱不了悲剧的命运。

1933 年，包括他在内的所有精神分析学的书刊，在柏林被焚毁。

---

[1] 洪丕熙：《弗洛伊德生平和学说》，重庆出版社，1988 年版，第 8 页。
[2] ［奥地利］弗洛伊德：《人类精神捕手：弗洛伊德自传》，王思源译，华文出版社，2018 年版，第 42 页。

1936年,纳粹政府冻结"国际精神分析学出版公司"的财产。

1938年,这一年的三月,纳粹入侵奥地利,国际精神分析学会在维也纳的出版社和教学机构均被查封,盖世太保秘密警察两次闯入弗洛伊德的住宅,索要钱物,还把他的小女儿安娜带到盖世太保总部接受讯问。

从这时开始,他们全家陷入了极大的惊恐状态,弗洛伊德的外孙埃内斯特·弗洛伊德有一段记录:自从希特勒占领维也纳,侵吞奥地利后,弗洛伊德就再也没有出过门,"很难说哪里更安全,如果在家,就得冒着被纳粹带走的危险。在街上,又有遭鞭打和攻击的危险。"① 这之前,他曾被要求缴纳三万一千三百二十九帝国马克的费用,而可以离开维也纳,但是他实在凑不足这笔钱。这之后,纳粹操纵的一家杂志公开污蔑他是"犹太自由主义文学败类"。他的精神分析学说"被剔除出了德国人的精神生活",他的性本能理论"确实无疑是道德的退化,对人类的毁灭作用超过造成一千一百万人死亡的世界大战"。② 在这人身安全受到极大威胁和个人名誉极度污蔑的情况下,他不得不做出避难的打算,在美国总统罗斯福的干预下,纳粹同意放弗洛伊德和他的家人出境。

1938年6月2日,他终于从纳粹当局拿到了"无违法证明",三天后他拖着病体,更带着忧伤、愤懑、遗憾离开了这座让

---

① [奥地利]格奥尔格·马库斯:《弗洛伊德传》,顾牧译,人民文学出版社,2011年版,第216页。

② [奥地利]格奥尔格·马库斯:《弗洛伊德传》,顾牧译,人民文学出版社,2011年版,第219页。

他爱恨交加的城市维也纳,前往英国。

历史无情地证明,法西斯纳粹可以屠杀千百万个犹太人,可以逼走一个弗洛伊德,但是以弗洛伊德为代表的犹太人所拥有的勤奋与勤勉、忍耐与忍让、坚韧和坚定的品质是磨灭不了的,就正像青年弗洛伊德告诉恋人玛尔塔说的那样:"对于我们俩,我相信,古老的犹太人觉得安适的那种生活方式不再能为我们提供安身立命之所,但是,其中某种核心的东西,即构成生活的意义和乐趣的犹太精神中的精华,不会离开我们的家庭。"[①]不但不会离开他们的小家庭,而且不会离开犹太人,更不会被全人类抛弃,此谓之"犹太精神"或"犹太精神的精华":"对包括伦理精神在内的种种人类文化事物不抱宗教和民族的偏见,随时准备和反对派携手而决不和'密集大多数'妥协。"[②]

不唯书——《圣经》,不为上——上帝,只为实——良知和事实,弗洛伊德心目中伟大的犹太精神之花必定结出丰硕的精神分析的人类文明之果。

第二节 面对同道背弃,他特立独行

说弗洛伊德是天才也行,因为天才往往是偏激的,没有片面的深刻,就没有他的惊世骇俗。

说弗洛伊德是斗士更妥,因为斗士常常是勇毅的,没有对手的存在,就没有他的卓尔不群。

其实,他是善于学习的,涉猎多个领域,做过全科医生;他也

---

① 洪丕熙:《弗洛伊德生平和学说》,重庆出版社,1988年版,第8页。
② 洪丕熙:《弗洛伊德生平和学说》,重庆出版社,1988年版,第9页。

是乐于交友的,从与布吕克的亦师亦友到和奥托·兰克的如父如友;他还是愿意让贤的,举荐荣格担任国际精神分析学会会长,尽管他是这个学科的绝对权威。

但是,他更是捍卫精神分析学说的卫士,宁可被同事疏远,宁愿受同行指责,他也在所不惜,更不委曲求全。

特立独行——一个没有"私敌"的精神分析学家——弗洛伊德。

一、被同事们误解

在人的成长过程中,人际关系或者是助力器,让人如虎添翼,或者是腐蚀剂,使人折戟沉沙。由于弗洛伊德兼具天才和斗士的双重性,被人误解、反对,甚至离弃,几乎伴随一生。

弗洛伊德从医伊始,就不墨守成规,喜欢创新尝试。1885年他运用当时最新也是最具争议和危险的治疗方法,将具有毒性麻醉作用的"古柯碱"用于临床,虽然取得短暂的效果,但导致了一个名叫弗莱舍尔的患者的加速死亡,从而在维也纳的医疗圈内引起众人的质疑和反感。1886年,他从法国留学回来后,在维也纳推介他的导师著名的治疗歇斯底里症专家沙考特的见解,即男人也会患上歇斯底里症,并发展成他的"性机能障碍"说,再次受到同行们的群起而攻。"其中一个老外科医生竟然惊奇地大叫道:'天哪,我亲爱的先生,你怎么能说出这样荒唐的话?'"医学会主席巴姆伯格"宣称我报告的情况令人难以置信",著名神经专家梅纳特要求他"提供相似的病例"。[①] 由此,他失

---

① [奥地利]弗洛伊德:《弗洛伊德自传》,张霁明、卓如飞译,辽宁人民出版社,1986年版,第14页。

去了进实验室做大脑解剖的机会,也没有地方可以发表学术观点。

在治疗并研究歇斯底里症的过程中,唯有年长弗洛伊德14岁的维也纳甚有名望的生理学家和执业医师约瑟夫·布洛伊尔,和他继续合作,但他发现仅用布洛伊尔的催眠法是不够的,还要从患者"性欲"上找病因,说明性欲和性冲动的正常与否在精神活动中有着不可忽略的重要性。尽管两人1896年还合著了《歇斯底里研究》,后来还是由于在神经症产生的原因上出现了分歧,结束了近二十年的合作而分道扬镳。

《梦的解析》是弗洛伊德一部重要的精神分析学著作,他试图从潜意识的角度揭示梦作为人的心理活动的一个组成部分,是意识经过化装或变形后的产物,是人类的集体或个体社会实践活动的浓缩品和沉淀物,而不是什么"上帝"的启示、"神灵"的呈现一类超自然存在。

无疑这是一个划时代的发现和里程碑的成果,可是这本1899年出版的书很不受待见,首印600本,花了八年才卖完。或许作者知道它的艰难,在扉页上的题词是:"假如我不能震慑天堂,那么我将撼动地狱。"出版不久,曾任维也纳伯格剧场经理的伯克哈特,竟然撰文说这部书"毫无价值"。一个精神科助理医生,居然说这本书的目的是赚钱。出版一年半了没有一家学术性刊物提到它。

弗洛伊德就是这样一个饱受打击和备受争议的人。最早和他"决裂"的是他的恩师布吕克教授,原因是不同意学生所谓的神经官能症起源于性的理论。最晚的是一个同样对精神分析非常感兴趣的医生朋友弗里斯,两人在1887年至1902年间有上千次书信往来,1928年弗里斯去世后他的遗孀想要回丈夫的书信,而与弗洛伊德反目成仇。

这些在给弗洛伊德带来巨大声誉的同时,也让他成为一个饱受非议的人物。对此,或可视之为不惧打压而坚持真理,或可视之为潜心学问而不谙人事,或可视之为看重名利而心胸狭窄,总之,成也萧何,败也萧何。弗洛伊德,一个永远也"说不完的哈姆雷特"。

二、和阿德勒的冲突

从1899年到1911年,仰慕、追随、反叛,这就是弗洛伊德和阿德勒共同经历的交往"三部曲"。尽管弗洛伊德比阿德勒年龄上要大十四岁,但这并不妨碍他们同为世界级心理学大师。

仰慕阶段:出生于1870年的阿尔弗雷德·阿德勒在他获得维也纳大学的医学博士时,弗洛伊德已经是一个在维也纳很有影响的医生和学者了。崇拜弗洛伊德的阿德勒也在维也纳城里开了一家诊所,以便和"偶像"有更多的学习机会。

追随阶段:1899年阿德勒第一次听了弗洛伊德的课,被老师的神采和风度,以及讲授的内容深深地折服了,把学习的收获用于《心理分析汇编》的编辑工作。1902年,他参加了弗洛伊德在家举办的第一次"星期三心理学研究组"的活动,遂成为精神分析学派的核心成员之一。

反叛阶段:随着和老师弗洛伊德交往的增加和深入,而老师似乎也不满意学生借助老师的地盘发展自己,阿德勒就越发不满于老师的权威了。阿德勒从人的现实社会生活和经历出发建立心理分析基础,这无形中与弗洛伊德的看重先天本能和无意识的深层心理分析逐渐拉开了距离。弗洛伊德评说道:"阿德勒好像背离精神分析更远,他完全否定性欲的重要性,把性格和神经症的形成单单追溯到人的权力欲望和对于身体缺陷的自卑感的补偿需要上去,而把所有精神分析的心理学发现置于不顾。"①和老师的分庭抗礼,并自立门户,终于形成了阿德勒的"个体心理学",1911年阿德勒宣布退出维也纳精神分析学会。

同样是一个种族、毕业于一所大学,并有相同的事业追求,为何会由仰慕到追随,最后分道扬镳?

一方面,个人经历不同而性格差异。

弗洛伊德出生于城里的小康之家,尽管是同父异母的组合,但父母宠爱,家庭和谐;他天资聪颖,被家人和老师看好未来。而阿德勒生于维也纳市郊的一个小镇,三岁时弟弟去世,五岁时得了肺炎,还有两次被车撞的遭遇;求学时成绩平平。在探寻人的成长与心理因素时,一个注重作为生命力的性的作用,一个看重外部环境的意义。两人共同的好朋友露·莎乐美透露说,弗洛伊德的性格锋芒毕露,与那些不承认他的学说,或者不肯服从他的人向来极难相处。阿德勒恰恰也是个性刚硬,脾气耿直,不懂得什么叫谦让或妥协的人。

另一方面,社交层面不同而人生志趣迥异。

弗洛伊德的病人75%来自社会上层,25%来自社会中层,奥地利的主流精英是封建贵族,高度讲究文化品位,在心理医疗的过程中对个性化和精确化的要求很高;他探寻这些能代表人类品位的精英们内心深处看不见的心理动因,视之为崇高的学科目标。而阿德勒的职业走的是平民大众路线,病人之中来自上层社会的只占25%,中层社会的占40%,剩下的35%来自社

---

① [奥地利]弗洛伊德:《弗洛伊德自传》,张霁明、卓如飞译,辽宁人民出版社,1986年版,第71页。

会底层,他总是用朴素易懂的大众语言向人们强调要建立社会情感,要学会与人沟通、合作。前者是纯粹的书斋式学者,后者却是一个"社会主义者"。

皮波人物国际名人研究中心编撰的《弗洛伊德》一书,对这件事是这样评说的:"这件事对弗洛伊德的精神打击是巨大的,因为这一分裂不仅意味着组织上的分裂,而且,更重要的是,它意味着弗洛伊德的基本理论体系中的一个重要观点面临着严峻的考验。"[1]这场冲突对弗洛伊德而言,是矣?非矣?祸矣?福矣?历史自有公论。

三、遭荣格的背弃

紧接着阿德勒的背离后,还有维也纳的另外一名精神分析学家威廉·斯泰克尔,尽管他和弗洛伊德一样都研究过梦,提出过弗洛伊德认可的"象征学",但是由于他站在阿德勒一边而惹恼了弗洛伊德,导致二人关系破裂。在这一连串的"倒戈"事件中,最让学术界和弗洛伊德难堪的是古斯塔夫·荣格的背弃。那么,荣格是何许人也?

他也是瑞士的非犹太心理学家,曾任国际精神分析学会会长、国际心理治疗协会主席等,创立了荣格心理学学院。1906年,他们第一次见面的时候便一见如故,据说倾心交谈长达13个小时。1907年荣格开始与弗洛伊德合作,发展及推广精神分析学说长达六年之久,对精神分析的发展做出了突出的贡献。弗洛伊德曾打算把荣格作为他事业的继承人,还亲切称他为"儿

---

[1] 皮波人物国际名人研究中心:《弗洛伊德》,国际文化出版公司,2013年版,第87—88页。

子和继承人"。之后荣格与弗洛伊德在对无意识的理解、对性欲的态度以及心理学的研究方法上理念不和,裂缝愈来愈大。1911年荣格决定辞去国际精神分析学会主席职务,退出精神分析学会,对此着实令弗洛伊德非常的失望和生气。

如果说,弗洛伊德创立的深层心理学理论,提出了"无意识"概念,强调了"里比多",还提出了本我、自我、超我的人格三层说,那么,荣格就创立了人格分析心理学理论,提出"情结"的概念,把人格分为内倾和外倾两种,主张把人格分为意识、个人无意识和集体无意识三层。两人对人类心理的认识和开掘,都是难分轩轾而又能够相提并论的。

从1911年起,两人的分歧就越来越多,以至于势不两立而分道扬镳。那么,他们的分歧主要表现在哪些方面呢?

首先,对里比多概念的理解。弗洛伊德认为里比多是性能量,早年里比多冲动受到伤害会引起终生的后果。而荣格认为里比多是一种广泛的生命能量,在生命的不同阶段有不同的表现形式;在具体医疗实践上,患者的神经质与"性"不存在必然和本质的联系。

其次,对童年经验意义的认识。弗洛伊德用"杀父娶母"的潜意识,即"俄狄浦斯情结"来说明欲望被压抑后而成了"无意识"。而荣格反对弗洛伊德关于人格为童年早期经验所决定的看法。荣格认为,人格在后半生能由未来的希望引导而塑造和改变。

最后,对人性本身的看法。弗洛伊德认为人性是恶的,人类的行为虽然看似多样,但最终都是为了寻求快乐;他将本能分为两类:生的本能和死的本能。荣格更强调精神的先定倾向,反对弗洛伊德的自然主义立场,认为人的精神有崇高的抱负,不限于弗洛伊德在人的本性中所发现的那些阴暗存在。

总之,不论他们曾经有过情同父子或并肩战友的亲密关系,还是观点不同或性格迥异,但都丝毫不影响他们同为历史上伟大的思想家,他们的理论对后世的人文学科和社会科学研究都有很大的影响。

在心理学研究方法上,弗洛伊德采用因果论方法,强调追溯心理问题的根源到童年的性创伤和压抑。而荣格则提倡目的论方法,认为人的心理活动受到集体无意识的影响和引导。

或许是他们都太懂"心理"了,以其非同凡响而达到了专业级别的"朋友——敌人",这可视为贡献给后世的一个不可多得的经典案例。他们之间因为才能而互相吸引,到最后却由于不一样的学术理论追求而分道扬镳,甚至老死不相往来,不得不让人感叹,大师也有"人心叵测"的凡人一面啊。

第三节 感受生活悲喜,他乐观坚强

生活是一部打开的心理学,需要丰富的人生阅历才能读懂;心理是一段隐藏的人生路,需要仔细的生活感悟方能读解。

对弗洛伊德而言,既将探索人类心理活动的思考,总结成了精神分析学,又把记录自己生活经历的痕迹,变成了一段展开的个体心路历程,悲喜交加,就是他全部的生活写照和生命旋律。

八十三个春秋,弗洛伊德经历了战争与和平的时代,接受了毁损与尊崇的馈赠,体验了幸福与痛苦的生活,感受了压抑与反抗的心理。

苏格拉底说,"未经反思过的人生是不值得过的。"未能留下过心迹的人生还值得过吗?

弗洛伊德的一生值得过了。

一、喜爱散步

散步是自由自在、随心所欲的身心活动,既可放松心情,也可放飞思绪,偶尔还会灵光乍现。有亚里士多德的"散步学派"和庄子的"漫游山水",有柏拉图学园的"散步教学"和徐志摩的"漫步诗人",这些都被归之为中国当代美学家宗白华概括的"美学散步"。

散步,就是弗洛伊德继承了他父亲的生活习惯,而终其一生。

那时的中欧各国的中产阶级普遍喜好在闲暇时从事球类和体操运动,夏天游泳和冬天滑雪,似乎成了这个阶层业余生活的标配,当然也是一种身份的象征。弗洛伊德呢,由于父亲把几乎所有家产都给了他的一个哥哥抵债,因此他们只能选择简单实用的散步运动方式。他就经常陪同父亲在维也纳市内的人行道上散步,偶尔也去郊外爬山。在维也纳大学学医时,他晚上也是一个人独自在校园里散步。后来弗洛伊德尽管工作十分繁忙,也要常常在行医、读书和写作之余,走出家门,去附近走走,一路经过歌剧院、城堡剧院、感恩教堂等。他还喜欢一个人到野外采蘑菇。"当我们说到对这些运动的爱好及其对弗洛伊德本人的体质所起到的锻炼作用的时候,千万不要忘记所有这些的起点是弗洛伊德的父亲在维也纳时经常带他出去散步。"[1]随着双脚的随意迈动,思维也相应地急遽活动。

---

[1] 高宣扬编著:《弗洛伊德传》,作家出版社,1986年版,第17页。

或许"熟悉的地方没有风景",当他功成名就后,一旦"财务自由,便有了诗和远方"的向往,中年以后的弗洛伊德喜欢上了旅游,大概有数十次的远足经历,先后去过法国、荷兰、比利时、德国、英国、希腊、瑞士,意大利是他最喜欢去的国家,尤其是意大利的罗马、庞贝,据说他一共去了18次。

弗洛伊德一生走得最远而获得世界声誉的是1909年到美国的克拉克大学做系列学术演讲,一生"散步"出去就再也不会来的是英国。

弗洛伊德为何如此喜欢散步,包括旅游?旅游也算是广义的散步。

首先,散步能放松心情。弗洛伊德视散步为一种缓解压力的方式,这种放松的状态有助于他更好地寻求解决问题的思路。不可否认,他是一个工作狂,何况还要处理各种学术的、生活的事务。借助散步,他可以暂时放下繁忙的工作和复杂的心理分析任务,享受大自然的美景,从而心情愉悦。

其次,散步有助于健康。弗洛伊德小时候得过一场重病,体质较差,散步让身体素质有明显的提高,在67岁时患上癌症,并能忍受多次手术的痛苦而坚持工作,这无不与他的身体健康状况有关。他一直能在高强度的工作之余,通过散步来调整自己的状态,保持心理健康和精力充沛。

最后,散步能促进思考。散步不仅是身体的锻炼,而且是心智的锻炼,他认为散步时头脑更加清晰,能够更好地进行自我分析和思考,在散步时经常思考哲学和心理学问题,使得他的学问牢牢地建立在身体感受的基础上,而具有实践的感性意义。这种习惯不仅帮助他发展了精神分析理论,还让他在工作中保持高效和创新。

可见,一个精神分析学家的散步,既有和我们常人相同的地方,也有能显示他内心世界和精神分析的独特所在:借助形体的放松而让思维紧张地运动,或放松后的形体能促进意念的高度集中。

二、热衷收藏

弗洛伊德对学问充满着非凡的创造力,对历史有着极大的好奇心,对生活充满了热情的亲和度,除了探究人的心理外,他还是一个浪漫而又细腻的散文家,文笔洗练,词汇丰富,比喻生动,1930年获得法兰克福的歌德文学奖就是一个最好的证明。

鲜为人知的是,他还是一个知名而有品位的收藏家。在维也纳行医期间,随着个人经济状况的不断改善,他爱上了收藏。在畅游欧美各国的过程中,收藏了2000多件古董,它们大部分来自埃及、希腊、罗马以及中国。每次旅行回来时,箱子里装的总是各种古董,把它们摆放在居室和诊所,一俟空闲,就驻足观赏玩味,藏品越来越多,以至于诊所成了一座博物馆。书桌上摆放了几尊石像,玻璃柜里陈放了出土的花瓶、瓷碗、雕像、彩虹色玻璃杯、罗马的陶灯。屋里还有来自中国的唐代女性陶瓷雕像、清代台式屏风、明代小笑佛和中国玉金胸针。沙发旁边的小圆桌上,放了一只从纽约买来的中国的玉碗。墙上挂着埃及木乃伊肖像和一幅铜版画。

在他逃离纳粹占领的维也纳时,设法将这些古董和1600多本书籍一起带到了英国伦敦,安置在现在的弗洛伊德博物馆。

这些众多且精美的古董之于弗洛伊德的意义是什么,他为何斥巨资收藏这些来自世界各地的文物?除通俗而直接的说法,放松心情、舒缓压力或个人艺术情趣外,还有何深意没有?

这里有一个颇为奇特的现象,似乎能揭示比较深层的"心理"。

在他从事收藏的四十年里,有三件藏品不幸摔成了碎片。他在《日常生活的精神病理学》一文中提到了这三次"灾难"。一次是他突然把脚上的拖鞋甩出去把架子上的一尊大理石维纳斯雕像打碎了,他只是无动于衷地说出了一句威廉·布施的诗句:"哦!维纳斯完了。"不管这个行为是否有意识,目的是希望用这个损失换来儿女的康复,不久儿女的病果然好了。后来的两次,一次是他不知是否有意"处决"了一个墨水瓶盖,一次是他不想失去一个好朋友而打碎了一个埃及彩釉塑像。

当代奥地利著名作家格奥尔格·马库斯说:"我们能够看出他行为中的一点点迷信色彩。"因为弗洛伊德也说过"偏执狂患者和迷信者的移置之间的区别"不是太大,还为迷信辩解说,迷信"只是在我们现代的、自然科学的,不过还根本没有发展完全的世界观里显得不合时宜;在前科学时代和老百姓中,迷信是有道理的,始终如一的"。[①] 不论迷信是否有心理暗示作用,但至少有着精神寄托意义。

对此,我们可以这样认为:弗洛伊德热衷收藏,和他的心理学研究有异曲同工之妙。借助这些历史遗留的古董,犹如心理问题的症候一样,既是为了回到历史并探究真实,也是为了保留证据并剖析个案,从一个不被常人注意的角度窥探人类文明隐逸的东西。

再有从他对这三件古董的偶然毁损的迷信解释,除了以果

---

① [奥地利]格奥尔格·马库斯:《弗洛伊德传》,顾牧译,人民文学出版社,2011年版,第106页。

推因为自己找个借口来自我安慰,以求心理释然外,更深层次地说明生活中,总有一些东西在冥冥中左右、影响和提示、告诫我们,对命运"黑洞"和认知"盲区"依然不可掉以轻心,犹如他研究的无意识、里比多和白日梦一样不能视而不见。

三、不幸患癌

健康、教育和旅行,这是弗洛伊德认为人生中三件不能计较钱的事情。

童年多病、中年丧女、老年患癌,这是他遭遇的用钱不能解决的问题。

四十岁以后的弗洛伊德已经"不差钱"了,可以全身心投入他的学问,可是不幸的打击接踵而至:

1914年第一次世界大战爆发了,他的两个儿子应征入伍上了前线,生死未卜。

1920年他的二女儿苏菲染上流感不幸去世。

1923年苏菲的小儿子小汉奈儿也死于结核性脑膜炎,弗洛伊德伤心得老泪纵横,也是这一年,弗洛伊德确诊为口腔癌,在医院手术时,或许是因为医疗事故,九死一生。还是这一年,他的两位好朋友被病魔夺走了生命。

从1923年2月发现癌症到1939年9月因病去世,十六年间,他接受了三十多次手术,每次手术都长达数小时,还长期戴着一个硕大的人造假颌,严重影响进食和说话。到了1939年2月,他的口腔癌已经发展到无可救药的阶段,尽管英国医学界全力医治,还请了法国"居里研究院"的放射线专家用当时最先进的技术手段进行治疗,但已回天无力了。

作为一代伟大的精神分析学家,艰难困苦,玉汝于成,逆境奋起,悲喜交加,在罹患上这不治之症后,在面临死亡的考验时,他的所作所为和所思所感,无疑是一份难能可贵的心理个案、精神例证和文化—生命资料。它留给后世哪些有益的借鉴和深刻的启迪呢?

一是,如何看待死亡。

生老病死人之常态,作为科学家的弗洛伊德对此有着非常清醒的认知。他讲了一件事,有一天他和哲学家威廉·詹姆斯散步时,哲学家突然发作了心绞痛,把随身携带的一个小包交给他,后来弗洛伊德说道:"我常常想,我如果面对死亡来临之际也能够像他那样毫无惧色,那该多好啊。"[①]正如中国古人说的:慷慨赴死易,从容就义难。无疑,他是以从容的心态看待死亡的,这不仅无愧于心理学大师的称号,而且显示了他的清醒而理智,更有顽强的精神毅力。

二是,如何走向最后。

一般人一旦得了绝症,就会放弃从事的工作和追求的事业。而弗洛伊德患癌后,除了接受持续不断而痛苦万分的治疗外,他还有正常的交往和外出旅行,如到柏林与爱因斯坦会面、看望儿子和孙子,他还要接待患者,参与学会的工作;更难能可贵的是,撰写了《自我与原我》《陀思妥耶夫斯基及弑父者》,发表了《自传》《文明及其不满》《摩西与一神教》等,最终形成并完善,还拓展和丰富了他创立的"精神分析学",做了一个勇敢的死亡挑战者。

三是,如何接受临终。

如何走向生命的终点,是每一个人不可避免的选择。弗洛

---

① [奥地利]弗洛伊德:《弗洛伊德自传》,张霁明、卓如飞译,辽宁人民出版社,1986年版,第70页。

伊德到了 1939 年 8 月,即他生命的最后一个月,他已经不能吞咽食物了,侧卧在病床上,阅读的最后一本书是巴尔扎克的《驴皮记》,小说别出心裁地用一张驴皮来象征人的欲望和生命的矛盾,并借此概括他的生活经验和哲理思考。9 月 21 日,他请他的医生舒尔兑现他俩曾经的诺言,注射吗啡后,安详地离开了这个世界。他是主动接受安乐死的,用最后的行动证明了强者心理素质的超群和人类精神的伟大。

第二章 艺术理论的升华说

> 艺术创造为人们提供机会来分享备受尊崇的情感体验,从而提升了人们的认同感,因而所有的文化单位都急切需要这种认同感。①
>
> ——弗洛伊德

艺术呈现了形象化的人类精神世界,其中的生老病死悉数呈现;

艺术再现了真实性的个体心理活动,其中的喜怒哀乐无须遮掩。

质言之,艺术就是生命的另一种形态,能将本能的"性"升华为生命的"美"。

对弗洛伊德而言,虽然他没有丰富的艺术创作和形象的艺术作品,也没有系统的艺术理论阐述,甚至本意就不是为了艺术思考,但是在探索人类的精神世界和心理构成的生命意义的过程中,他看到了"通过升华来控制它,也就是通过把性的力量从性目标转移到更高的文化目标"。②

---

① [奥地利]弗洛伊德:《文明及其不满》,严志军、张沫译,浙江文艺出版社,2019年版,第111页。
② [奥地利]弗洛伊德:《性欲三论》,赵蕾、宋景堂译,国际文化出版公司,2000年版,第229页。

毋庸置疑,艺术,也只有艺术才能是"更高的文化目标"。

第一节 本质论:升华人生

也许生活的真相只有一个,可艺术之美却具有无限可能。

如果说艺术的本质是"美",那么该如何理解这个"美"? 亚里士多德有"模仿说",克罗齐有"表现说",克莱夫·贝尔有"形式说",苏珊·朗格有"象征说",这些说法全是建基于"艺术来源于生活",而弗洛伊德认为"艺术来源于生命":"艺术的产生并不是为了艺术,它们的主要目的是在于发泄那些在今日大部分已被压抑了的冲动。"[①]在他的语境里所谓"冲动",就是生命本能的勃发,这个动物性的本能经过文化的"化装"升华成了艺术。

艺术不是为了"美"的实现,而是为了"性"的升华。

一、什么是升华

升华本义指固态物质不经液态直接变为气态,喷涌而出成花朵状态,形象而富有诗意;还比喻事物的提高和精炼,升腾而起成就高位或变成精粹,可谓华丽蜕变。后来借用在心理学中是指一个人将受挫后的心理压抑向符合社会规范的、具有建设性意义的方向释放和抒发的心理反应。

弗洛伊德最早使用"升华"一词,他认为将一些本能的行动如饥饿、性欲或攻击的内驱力转移到一些自己或社会所接纳的范围时,就是"升华"。"目标及对象的改变有一种更富有社会意

---

① [奥地利]佛洛伊德:《图腾与禁忌》,杨庸一译,中国民间文艺出版社,1986年版,第116页。

义的价值,我们可以称之为'升华'。"他是这样解说"升华"的:"使性冲动的力量脱离性目的并把它们用于新的目的——这个过程应该被称为'升华'。"①这也是他在《精神分析引论新编》里说的,旧有"目标及对象的改变有一种更富有社会意义的价值,我们可以称之为'升华'。"升华即广义上的变化——向好的变化,这是符合人类文明演进和个体生命前进的总体趋势的。文明和生命的本义就是现代奥林匹克精神所昭示的具有生命美学意义的"更高更快更强"。

由蒸汽时代而电器时代,是人类文明进入20世纪的伟大"升华";

因艰难困苦而玉汝于成,是弗洛伊德超越20世纪的壮丽"升华"。

这些升华或许对于弗洛伊德不很重要,或他关心和思考、瞩目和向往的不是这类外在的宏大意义,而是有关生命内在而隐秘、原始而本能、强烈而执着的,且是不能不和不得不的"升华"——性力或原欲的升华,这是被伦理道德、法规制度和社会环境重压已久的"所谓'性的',就是指不正当的、是不能说出来、写出来的"②。要实现"性"的升华是不难的,但要使"性"的升华有文化更有美感就很难了。

那么,如何实现上述的"通过把性的力量从性目标转移到更高的文化目标",这是弗洛伊德为自己去"污名化"和"妖魔化"的

---

① [奥地利]弗洛伊德:《弗洛伊德文集》第3卷,长春出版社,2004年版,第32页。
② [奥地利]弗洛伊德:《弗洛伊德精选集》,李娅译,中华工商联合出版社,2020年版,第205页。

美学策略,当然他可以在纵情山水、收集古董、乐善好施和著书立说中把性欲力升华为创造力,但这些由于个人行为、有限效果和局部意义,毕竟难以获得全人类广泛性的影响、取得向未来的长久性的效能和产生超时空的深远性的价值。

在中国古人推崇的"立功立德立言"的"三不朽"中,唯有"立言"的文学艺术,因其"笔落惊风雨,诗成泣鬼神",因其"笼天地于形内,挫万物于笔端",而可"藏之名山,传诸后人",而能以赤子之心光照日月,书华彩之文流经江河。大而言之,"经国之伟业,不朽之盛事",小而言之,"养性求仁寿高远,修身积德天祚昌"。为此,弗洛伊德阐述道:

> 一个作家提供给我们的所有美的快乐都具有这种"直观快乐"的性质,富有想象力的作品给予我们的实际享受来自我们精神紧张的消除。甚至可能是这样:这个效果不小的一部分是由于作家使我们从作品中享受到我们自己的白日梦,而不必自我责备或感到羞愧。[1]

什么是"升华"?这里没有高大上的目标,没有高深的解释,没有高妙的行文,而是艺术能够消除由于"性"的压抑与冲动长期矛盾运动带来的"精神紧张""自我责备",所具有的直观快乐的感受、白日梦幻的神游、无拘无束的体验——艺术美的境界,更是生命美的自由!

---

[1] [奥地利]弗洛伊德:《弗洛伊德论美文选》,张唤民、陈伟奇译,知识出版社,1987年版,第37页。

二、为何要升华

在人类社会的历史上,如果说"发展才是硬道理"的话,那么,我们可以说"升华也是软实力",特别是艺术的审美式升华更是巨大的软实力。弗洛伊德强调的"原欲"不是任意什么都可以升华的,而一定是要通过艺术方式的"升华",才能将"原欲"释放出来。由此引出三个连锁式问题。

首先,原欲只有升华才能取得医学价值。

众所周知,长期的性压抑如果得不到有效的疏导,会导致生理的病变和心理的扭曲。作为医生的弗洛伊德是深谙此道的,正是由此进入他的心理治疗意义的精神分析,他在《性欲三论》《一个歇斯底里病症的分析片段》《"文明的"性道德与现代神经症》等著述中有很多压抑导致的恐惧症、强迫症、妄想症和性别错乱、变态的案例,并予以深刻阐发。如通过对一个叫杜拉的女孩歇斯底里症的治疗,将病人潜意识中压抑的"性",利用"移情原理"的"转移作用",揭示了"它们所包含的内容已经受到缓和作用——也即我们称为升华作用的影响"[①],可以看出医疗意义的升华方式不外是转移注意力、发掘记忆力、调动想象力等谈话类的技术手段,或许能治病,但不能救心,或许有针对患者的个案效果,但很难有治未病之病的社会意义,如此"升华"就是让病人成为一个正常意义的人。

其次,原欲只有通过艺术升华才能获得心理学价值。

在治疗性压抑导致的疾病的过程中,如果说运用麻醉、电击

---

① [奥地利]弗洛伊德:《性欲三论》,赵蕾、宋景堂译,国际文化出版公司,2000年版,第209页。

和谈话只能产生临床医学的效果,那么借助艺术性的审美,在愉悦的氛围中,在自由的联想中,在情感的抒发中,还有悦耳的声音和优美的旋律、和谐的色彩和舒缓的节奏,即在艺术作品的欣赏中,将获得感人肺腑、畅人情怀和启人心智的艺术升华价值。在弗洛伊德的临床实践中,还没有发现他专门的"艺术疗法"案例,但他依然知晓并运用艺术性的升华,如娓娓道来的亲切话语、信手拈来的文学故事,更有布满诊室的艺术品古董,也可视为他创设的艺术空间和审美氛围。他说:"升华使得来自某些性欲源泉的过强兴奋找到一个出口",这也就是"艺术活动的起源之一",它特别适合对"一个具有艺术倾向的人,进行性格分析"。[①]无疑,弗洛伊德是一个有艺术天赋的人,他的"自由联想法"和"语言诱导法",更符合现代意义的艺术心理学原理。

最后,原欲只有通过艺术升华才能赢得超越心理学的美学价值。

一般而言,艺术或艺术的审美活动具有心理学的宣泄和释放、疏导和转移、张扬和激励的价值。对患者而言,弗洛伊德要救治的不仅是病苦的躯体,而且是病苦的精神。艺术不但可以借助心理学以实现生命本能的升华,而且能够超越心理学实现社会学意义的人生升华。尽管弗洛伊德对此没有自觉的美学意识,但是,他深谙"医者仁心""治病救人""仁医大爱"的医学伦理——更是医学美学。那么,它是如何赢得超越心理学的美学价值的呢?由于他坚信"'爱'乃是性欲本能的一个特殊的组成部分",并详细分析了三组对立关系:"爱与恨""爱与被爱""爱恨

---

① [奥地利]弗洛伊德:《性欲三论》,赵蕾、宋景堂译,国际文化出版公司,2000年版,第96—97页。

交加与无动于衷"的内涵和关系。① 不可否认,这正是优秀艺术蕴含的价值和艺术美学构成的要素,最后在"爱恨交加"中由被爱而施爱的飞跃中,实现"爱"的壮丽升华,从而促使原欲的艺术审美升华后赢得生命意义的美学价值。

三、升华的意义

我们都知道艺术的本质是美,但这个"美"是怎么来的,它又有哪些含义和意义呢?

通常的说法是来源于人类的生活实践,又高于生活实践,其中的"高于"无疑是艺术对生活、理想对现实、审美对实用的升华,进而到达自由的境界。

在对这个问题的认识上,弗洛伊德另辟蹊径,没有沿着"社会—艺术"的历史唯物主义的老路走下去,而是开辟了一条"生命—艺术"的人本唯心主义的新路,没有视文明为人类发展的成果,而是视文明为人性压抑的渊薮。他忧心忡忡地说道:"不难设想,在文明的性道德的支配下,个人的健康和活力可能受到损害,最终,这种由强加在个人身上的牺牲所造成的伤害可能达到一个极限,导致我们所讨论的文化目标也会间接地受到伤害。"②其中最大的伤害就是包括性能力退化的生命力的蜕化。

于是,精神分析学就发动了一次沉痛而悲壮的生命的诉苦和呐喊:文明压抑了原欲。继而又开始了一场伟大的生命行动:

---

① [奥地利]弗洛伊德:《性学与爱情心理学》,罗生译,百花洲文艺出版社,1997年版,第148—154页。

② [奥地利]弗洛伊德:《性欲三论》,赵蕾、宋景堂译,国际文化出版公司,2000年版,第219页。

艺术要担负起升华原欲的神圣而沉重的使命。就在人们批判弗洛伊德的性学理论似乎成了自然主义文学、性解放艺术的道德罪犯的同时,也不得不真切佩服他的理论创新价值和道学反叛精神,因为他为我们认识艺术提供了一个全新的视角,那就是艺术的本质是原欲的升华。

由此完成了三个崭新的升华。

一是,为原欲正名。

性,因其是动物的基本生命属性而恒久和强烈地存在着,而人为了真正做到"人猿相揖别",就不得不讳莫如深,且不让登大雅之堂,至少是要冠冕堂皇地拒斥它,加之性的野蛮性和攻击性,更被人们视为洪水猛兽。而弗洛伊德从科学的角度,起码是从医疗的层面,发现导致心理疾病的根本原因是文明压抑了性的合法存在,久而久之则出现了歇斯底里、性倒错、性无力、性恐惧等病症。有感于此,弗洛伊德指出:"我们相信人类在生存竞争的压力之下,曾经竭力放弃原始的满足,将文化创造出来,而文化之所以不断地改造,也由于历代加入社会生活的各个人,继续地为公共利益而牺牲其本能的享乐。而其所利用的本能冲动,尤以性的本能为重要。"[1]性尽管重要,但在文明时代已遭到无情的放逐。

二是,为艺术赋能。

关于艺术,我们早已形成了若干种固定的概念,但美是艺术的本质,这是公认的,而美是什么就语焉不详了。通过弗洛伊德对人类性欲的看重和生命原欲的强调,联系到他对文学艺术的

---

[1] [奥地利]弗洛伊德:《精神分析引论》,高觉敷译,商务印书馆,1984年版,第9页。

热爱和认知,那么最能体现和表现人类情感的艺术,无一不是"里比多"升华的结果和"生命美"升值的结晶。他甚至一针见血地指出:"艺术的产生并不是为了艺术,它们的主要目的是发泄那些在今日大部分已被压抑了的冲动。"①看似把崇高的艺术拉下了神坛,抹杀艺术的光辉,其实是恢复艺术失落已久的生命基因,并让艺术回到人间,充满生命的力量。弗洛伊德发现的艺术基于性的见解,这与其说是为艺术降级,不如说是为艺术赋能——生命的本能——艺术起始和发展的源头活水。

三是,为生命扩容。

就生命的意义观之,医学是为了生命健康的延长,心理学是为了生命内在的探秘,而包括人文学科在内的艺术,尤其是作为艺术之母的语言艺术文学呢,则是除了不能为生命增加长度外,主要功能是为生命增加厚度、宽度、深度和温度,如他分析歌德的创作是"以伪装的面目和身份表达受压抑的希望"②。此外,他通过作品认识了莎士比亚、歌德、达·芬奇、陀思妥耶夫斯基,在生活里交往过的有诗人里尔克,小说家茨威格、罗曼·罗兰,画家达利等,可见他的生命容量已经超出了职业和专业。并且在性的问题上,通过对性欲压抑原因的分析,特别是经过对艺术升华的说明,弗洛伊德揭示了艺术之美的根本是性力的存在,进而完成了艺术的美学生命扩容。

总之,不论是结合弗洛伊德生活的时代看,那是一个资本主义急速发展的时期,还是联系他个人的生活经历看,他的一生就

---

① [奥地利]佛洛伊德:《图腾与禁忌》,杨庸一译,中国民间文艺出版社,1986年版,第16页。
② 高宣扬编著:《弗洛伊德传》,作家出版社,1986年版,第281页。

是奋斗励志的楷模,因此,他选择"升华"来反抗"压抑"、战胜"悲剧"来突破"有限"、远离"悲愁"来恢复"快乐",就具有历史和个人的必然性,当然更是生命走向的必然。

第二节 创造论:转换场域

"艺术是一种生命的力量,它能够打破壁垒、跨越时空,连接人类的心灵。"不得不说弗洛伊德的好朋友,著名的现代主义画家萨尔瓦多·达利的论述,概括精准,入木三分。

而当用它来阐释艺术创造理论时,它让我们陷入了一个理解弗洛伊德的悖论:"生命的力量"是精神分析理论的精髓,它又是艺术创造的精要,"精髓"如何能说明"精要"?而"精要"又如何能证明"精髓"?着实让人费解。

其实,这不是达利故意给朋友设置的难题,而是朋友本身存在的难题。

转换场域——要把无意识的存在创化为有意识的艺术,弗洛伊德玩的魔术真可谓:大象无形。

一、神奇的主题

如果说生死爱是文学艺术永恒的主题,那么唯有生命才能解说它的含义,而对于生命的理解,弗洛伊德归结为性力。这个"性"早在婴儿时期就表现出来了,以至贯穿人生始终,他借助希腊悲剧俄狄浦斯的故事,总结为"杀父娶母"。这个所谓的"俄狄浦斯情结"就完整地体现了:

生是现实生命的最高法则,俄狄浦斯有幸活下来了但是又不得不出走;

死是生物生命的最后归宿,俄狄浦斯被命运之神安排走上一条不归路;

爱是人类生命的最美境界,俄狄浦斯给我们留下了爱与恨的未解之谜。

毫无疑问,连接这三者的纽带就是"性",那么如何将它转移到文明社会认可的领域,艺术创作就是最安全而稳妥、最高尚而优雅的行动了。在弗洛伊德的理论中,"俄狄浦斯情结"是一个普遍存在的现象,它根源于作为人的精神活动的最原始和初始、最简单和普遍活动的无意识,是人的一切行为的出发点和基本动力——性本能属于与生俱来的生命力,尤其是男性会把自己的父亲作为性的压力和障碍,而把母亲作为性的倾诉和寄托。他说:"宗教、道德、社会和艺术起源都系于俄狄浦斯情结上。"[①]这个"情结"几乎成了文学创作的"母题"。

他把这种无意识行为理论应用于文学艺术研究,找出索福克勒斯的《俄狄浦斯王》、莎士比亚的《哈姆雷特》和陀思妥耶夫斯基的《卡拉马佐夫兄弟》三个例子,加上达·芬奇的《蒙娜·丽莎》,指出文学艺术家创作这些作品都来源于一个相同的动机:俄狄浦斯情结。在弗洛伊德看来,这是文学艺术家审美表现的主题。因为,"艺术家也有一种反求于内的倾向,和神经病人相距不远。他也为太强烈的本能需要所迫使;他渴望荣誉、权势、财富、名誉和女人的爱;但他缺乏求得这些满足的手段。因此,他和有欲望不能满足的任何人一样,脱离现实,转移他所有的一

---

① [奥地利]佛洛伊德:《图腾与禁忌》,杨庸一译,中国民间文艺出版社,1986年版,第192页。

切兴趣和里比多,构成幻想生活的欲望。"[1]这个主题是否是文学艺术创作的共同规律,是否是文学艺术家创作的共同特征,是否是文学艺术本身包含的内容要素,我们暂且不论,但是它具有以下三个方面的意义。

一是,直探人性的深度。传统心理学只是关注人的意识层面,而弗洛伊德的精神分析,却再进一步,大而言之,抵近人类原始的生命状态,小而言之,走进了个体幼年的生命状态,发掘出无意识背后的强大推动力——性,无疑这才是古今中外文学艺术要表现的最深刻的主题。

二是,直视生命的真实。我们可以暂时不去论证"杀父娶母"的真实性,但是"异性相吸、同性相斥"是人类生命的真实情态,还有"只知其母,不知其父"是人类初期的真实状态,而"雄性暴力""母性依恋"贯穿了生命的始终,弗洛伊德认为借助艺术创作予以了残酷的呈现。

三是,直观艺术的存在。以上两点被强大的文明力量予以深埋和限制,唯有文学艺术留出了通道和提供了平台,因为"艺术家与众不同的地方就在于他们能在艺术创造的过程中把这种本能纳入一定的轨道,并转变到另一些事物(即艺术作品)上去",[2]所谓"化装的满足"。

二、浪漫的梦幻

最美的幻想就是做梦,最浪漫的梦幻就是白日梦。

---

[1] [奥地利]弗洛伊德:《精神分析引论》,高觉敷译,商务印书馆,1984年版,第551页。
[2] 朱狄:《当代西方美学》,人民出版社,1984年版,第22页。

艺术创作需要美妙的想象,但艺术创作需要浪漫的幻想——白日梦吗?弗洛伊德给出了肯定的答案。

> 许多文学作品都是根据白日梦加工而成的,不少作家都喜欢将自己做的白日梦进行改编、增删以及二次创造,然后写成小说和剧本的形式。作品中的主人公常常为作者本人,也就是白日梦的主人公。①

他还以歌德创作《少年维特之烦恼》为例,说明白日梦如何经过作家之手变成艺术品的。歌德年轻时攻读法律,经常出入于法官布扶家,爱上了他的女儿夏洛蒂。但是,夏洛蒂已经和格斯特订婚,致使歌德悲不欲生。不久歌德又听说他的挚友叶沙雷因爱上了上司的太太而饮弹自杀,所使用的手枪是格斯特借给他的。歌德非常激动,突然灵光一闪,涌出了这篇小说的雏形。"这个由歌德自己叙述的构思过程,和梦一样,使心中的残渣所造成的紧张一刹那间散发出来。在心中早已积累的冲动——性的火焰或'爱的本能'终于'变形'而表现为伟大的文艺作品。"②可谓入木三分。

梦幻之于文学创作也就是灵感吧,而灵感又是"长期积蓄,偶然得之",可在弗洛伊德眼中这个不比一般的灵感,不仅是梦幻,还是白日梦,而且它是源自生命的本能之性,始自儿童的生命之初。弗洛伊德的神奇或伟大的地方就是,居然把它视为文

---

① [奥地利]弗洛伊德:《弗洛伊德精选集》,李娅译,中华工商联合出版社,2020年版,第60页。
② 高宣扬编著:《弗洛伊德传》,作家出版社,1986年版,第277页。

学艺术创作的源泉、路径和方法,把梦幻作为里比多转换的场域、发生的地方和情结的寄托,这不仅体现在现实生活里,而且表现在艺术创作中。他在《释梦》里说道:

> 梦并不是代替音乐家手指的某种外力在乐曲上乱弹的无节奏鸣响;它们不是毫无意义,不是杂乱无章;它们也不是一部分观念在昏昏欲睡而另一部分观念则刚刚醒来。相反,它们是完全有效的精神现象——是欲望的满足。它们可以被插入到一系列可以理解的清醒的心理活动之中;它们是心灵的高级错综复杂活动的产物。①

由此引出一个问题:艺术创作与白日梦幻究竟是一种什么样的关系?根据弗洛伊德的精神分析学说和他对艺术创作的理解,我们可以得出这样的认识:

二者相同的是:个体生命被压抑的本能欲望通过做梦和创作得以满足。二者不同的是:就像艺术高于生活一样,创作高于做梦,因为前者具有社会文化价值,而后者仅为个人欲望的满足。

创作与梦幻的相同之处是:都是源于现实压抑后的某种超越,都具有复杂和深层的心理动因及动力结构,都要经过一系列象征、变形和改造的过程。

创作和梦幻的不同之处是:首先,作家的艺术创造正如白日梦一样,源于性压抑的童年,表现为游戏的继续及替代,而文学艺术的创作比梦的形成经过了"更为严格的检查与筛选"。其

---

① [奥地利]弗洛伊德:《释梦》,孙名之译,商务印书馆,2003年版,第119页。

次,作家通过"想象",创造出一个虚幻的世界,目的在于使现实中无法得到满足的欲望得到假想的满足,所以他们的创作,实际是转移自己的白日梦。再次,艺术创作是有一定"轨迹"和规律的,由当下经验到童年记忆,再到产生并满足愿望的过程,亦即始于自我并终于超我的幻想或白日梦的过程,但是白日梦更多表现为随机性和偶然性,局限于由本我到自我而无法达到超我的境界。

三、快乐的游戏

梦幻是理想的曲折表达,游戏是现实的艺术呈现;弗洛伊德把梦幻和游戏都视为艺术的创造——生命受到压抑后的审美式的艺术创造。

弗洛伊德将文学家的创作活动与儿童的游戏联系起来加以考察,指出:"作家的所作所为与玩耍中的孩子的作为一样。他创造出一个他十分严肃地对待的幻想的世界——也就是说,他对这个幻想的世界怀着极大的热情——同时又把它同现实严格地区分开来。"[1]这就得出了一个有关艺术创作与儿童游戏关系的结论:游戏是艺术的初级版,艺术是游戏的升级版,因为二者都寄托着艺术家和游戏人的愿望与幻想。每个人年幼时都喜欢游戏,通过游戏来表达自己的愿望和幻想;尽管成年后人们不再或很少做游戏了,但内心深处对游戏的愿望并未消失,于是就用生活幻想和文艺创作来替代。

在弗洛伊德眼中,儿童通过游戏来设置一个美妙的"伊甸

---

[1] [奥地利]弗洛伊德:《弗洛伊德论美文选》,张唤民、陈伟奇译,知识出版社,1987年版,第29页。

园"和艺术家通过创作来建构一个人间的"桃花源"的原理和意义是一样的,虽然他在精神分析理论里没有对艺术创造做过系统和深刻的阐述,但是他经常把二者相提并论,亦可看出他对艺术创作的理解。他说:"游戏的儿童行为,同一个赋予想象的作家在这一点上是一样的,他创造了一个自己的世界,或者更确切地说,他按照使他中意的新方式,重新安排他的天地里的一切。"[1]在这个艺术替代物的创造过程中,弗洛伊德观察到,一个儿童为何能不厌其烦、长久专注,甚至有时候是有意"破坏"自己的游戏成果,这与艺术创作不断修改有所不同,这是为什么呢?他认为,游戏和其他的心理事件一样,都受"快乐原则"的驱使,它体现在游戏上,不但表现为创造出安全、虚构的环境满足儿童在现实中不能达到的愿望,而且说明了只有在不断的超越中,才能切实体现出生活的意义和生命的价值,这才是儿童和艺术家乐此不疲的真正原因。对此,弗洛伊德还从艺术学与教育学的"实用观点来看,美学理论应处理这些其最终目的是要获得快乐的情况……"[2]。虽然他没有能分析出其中的"美学原理",他发现的"快乐原则"就是亲切而生动的美学理解。

虽然艺术创作会有"发愤著书""苦吟成诗"的现实不快乐境况,但儿童游戏与艺术创造依然有着强烈的异曲同工之妙。"我们谈到孩子在游戏中重复的每一样东西都对他们的实际生活产生过深刻的印象,他们就这样发泄自己的力量,使自己成为局势

---

[1] 转引自刘焱:《儿童游戏的当代理论与研究》,四川教育出版社,1988年版,第39页。

[2] [英]约翰·里克曼编:《弗洛伊德著作选》,贺明明译,四川人民出版社,1986年版,第199页。

的主人。"①在游戏的过程中,包括儿童在内的游戏参与者,沉醉于虚构性的世界里乐而忘返,神游在想象性的天地中心旷神怡,运用着表现性的技巧时信手拈来,翱翔在创造性的自由中放飞自我。

难怪18世纪德国著名美学家席勒充分肯定了游戏之于人的生命意义的重要性。"只有当人在充分意义上是人的时候,他才游戏;只有当人游戏的时候,他才是完整的人。"②的确,我们在快乐的游戏中解除了压抑,在创意的游戏中发挥着想象,在自由的游戏中实现自我。

可见,游戏不是艺术却胜似艺术,通过场域转换,让压抑释放,让本能升华,让生命美好。

第三节 方法论:探寻新路

李泽厚说:"哲学就是看世界的角度。"精神分析的角度是从心灵最深处向外看。

潘知常说:"艺术就是爱世界的方式。"弗洛伊德的方式是让原欲先落地再升华。

的确,判断一种理论的价值,不在于它说了什么,而在于它怎么说的。

在艺术与生命的关系问题上,或许我们习惯于正面的主流视角、历史的宏大叙事,对经典的"兴观群怨"早已耳熟能详了,

---

① [英]约翰·里克曼编:《弗洛伊德著作选》,贺明明译,四川人民出版社,1986年版,第198页。
② [德]席勒:《美育书简》,徐恒醇译,中国文联出版公司,1984年版,第90页。

对崇高的"真善美信"更是奉若神明。

殊不知,弗洛伊德一声断喝,让无意识出场,为里比多正名,给白日梦升值。惊世骇俗也罢,离经叛道也罢,新锐的思想背后一定有一条"自己走出来的路"。

一、开掘主体深度

西方美学在18世纪的康德以前关注的是"对象的美是什么",而康德来了个180度的方法论大转弯,思考"主体何以能够审美"。"如果说一个对象是美的,以此来证明我有鉴赏力,关键是系于我自己心里从这个表象看出什么来,而不是系于这个事物的存在。"[①]对主体性的如此重视,如李泽厚所评说的:"康德哲学的功绩在于,他超过了也优越于以前的一切唯物论者和唯心论者,第一次全面地提出了这个主体性问题,……这套体系把人性(也就是把人类的主体性)非常突出地提出来了。"[②]以后有黑格尔的"美是理念的感性显现"的唯心主义美学、费歇尔的"美是主观"的心理学美学、叔本华的"美是理念的表现"的意志论美学等。弗洛伊德正是秉承了德国古典主义哲学"向内转"的美学思辨传统,把康德以来哲学称颂的人性,彻底还原为本性,由此开启了自己的精神分析美学研究。

弗洛伊德文艺研究的显著特征是心理学研究,即把心理学的方式引入文艺研究。一般意义上的文艺心理学通常研究文学艺术创作、欣赏和评论的心理学机制,主要涉及其中所包含的情

---

① 北京大学哲学系美学教研室编:《西方美学家论美和美感》,商务印书馆,1982年版,第152页。

② 李泽厚:《批判哲学的批判》,安徽文艺出版社,1994年版,第461页。

感、想象、意志、动机、人格等,而弗洛伊德甩开这些,单刀直入人的意识背后的无意识和潜意识,更有性意识在创作和欣赏过程的作用和产生的后果。

对此,美学家张法在《20世纪西方美学史》一书中总结了弗洛伊德艺术批评的三种方式:一是,以作家的心理说明作品,又以作品证明人类的普通心态。二是,以人性的普通心理为指导,直接分析艺术作品。三是,从众多的作品中,显出人心的共同规律。① 其中无意识、里比多和白日梦是他揭示人类心理世界秘密的三大武器。弗洛伊德通过对达·芬奇、米开朗琪罗、歌德、陀思妥耶夫斯基等作家艺术家的分析,通过他所发现深层心理与《俄狄浦斯王》《哈姆雷特》等作品的联系,将这三种武器组合运用,力图证明作家艺术家的创作冲动或作品题材与艺术家早期经历不无关系,还包含了人类无意识领域中普遍存在的恋母仇父倾向,揭示了偶然性梦境背后的必然性关联。

显然这不是一般的、熟悉的、常规的主体性了,而是极其大胆、极度陌生和极为超常的主体性,在主体性的方法论方面,呈现出与所有艺术批评全然不一样的具有本体意义的方法论的鲜明特征。

一是,以点带面的概括性。

这个"点"不仅是艺术家的个人生活记忆,而且是他们个人生活中的"难言之隐",也不纯粹就是为了说明一个艺术学或美学的理论问题,而是论证一个心理学问题。通过艺术家的主体性作用进而推导出整个人类的主体性价值,如在《自传》里说的"找出他们与全人类共有的那一部分心理"。

---

① 张法:《20世纪西方美学史》,中国人民大学出版社,1990年版,第71页。

二是,以邪说正的深刻性。

他在1923年写的《自传》里多次说"大家看不起我""精神分析理论是'泛性论'",以至于至今仍有指责的声音,原因是弗洛伊德居然以性概括一切,视性为文明前进的动力,但不得不说这是片面的深刻,话丑理端,一语中的。运用在艺术批评领域,为我们引进了一件全新的武器。

三是,以艺论文的普遍性。

就像他本意是用心理学来论证人类性一样,这里他借助艺术创作总结出的艺术学,不仅论证了心理学,而且还论证了人类性,原来"文学艺术就是人学",更是艺术文化的心理学。就这个意义上说,尽管弗洛伊德不是一个单纯意义上的医生,但这依然不影响他对人类健康做出的巨大贡献。

二、注重个案解析

一滴水反射太阳的光芒,窥一斑而知全豹,这就是艺术创造中的典型方法。

不论是出于临床治疗的需要,还是为了说明精神分析的作用,弗洛伊德是一个擅长于广泛列举文学艺术家及其创作个案的人。由于他深知文学的情感作用,在初恋时还给女友送了一本狄更斯的小说《大卫·科波菲尔》。在艺术分析时,还多次列举歌德的《浮士德》《少年维特之烦恼》等。1925年法国作家列诺曼来访,与弗洛伊德共同讨论他的新剧《唐璜》。在弗洛伊德精神分析学研究个案里,这些作品是最集中而详实的案例。

索福克勒斯的《俄狄浦斯王》。弗洛伊德根据古希腊悲剧《俄狄浦斯王》提出的"俄狄浦斯情结",是他借俄狄浦斯弑父娶母的人生经历,为幼儿倾向于亲近父母中的异性一方而仇视同性一方的心理现象所做的命名。因此,一提起"俄狄浦斯情结",人们就会同时想起弗洛伊德和《俄狄浦斯王》,前者借助后者提升了自己的关注度,后者又在前者的名声大振里获得了新生。

莎士比亚的《哈姆雷特》。这在弗洛伊德看来,依然是一个蕴含了"俄狄浦斯情结"的作品。他认为,莎士比亚作品中的哈姆雷特是一个有能力有朝气的王子,却对一位杀掉他父亲、篡其王位、夺其母后的人无能为力,那是因为这人所做出的正是他自己已经长久压抑的童年欲望。由此生发出他的人格结构或精神构成的三层次说:即本我(id)、自我(ego)和超我(superego)。

达·芬奇的《蒙娜丽莎》。以画家童年躺在摇篮里时,一只秃鹫飞来的梦幻为例,弗洛伊德根据自己的推断,认定蒙娜丽莎在达·芬奇心里,是母亲的代替物,蒙娜丽莎的笑是画家性欲的投射,她那神秘的微笑引发了艺术家被压抑的一段记忆,那是对亲生母亲微笑的记忆。

米开朗琪罗的《摩西》。在解读摩西像和歇斯底里的关系时,弗洛伊德认为:情感与身体动作之间存在的相互对应,以及与之相关的"弭除反应"。在弗洛伊德的研究中,他关注的重点是手部的动作所引起的内心情绪的变化,这种图像解读法具有一种满足解读者心理需求的意义。

陀思妥耶夫斯基的《卡拉马佐夫兄弟》。这部小说是俄狄浦斯情结与赎罪心理在文学上的再现,主人公为情人而弑父,引发神性、人性和德性的厮杀。弗洛伊德坚持的潜意识的情杀动机与严重罪疚感的神经症表现,是创作文艺作品的重要起因,又是理解这部西方文艺经典的一把钥匙。

弗洛伊德之所以钟情典型个案,这源于他长期坚持的病例收集、整理和分析的职业习惯,是因为作为执业医生的他,临床案例的积累和剖析,不但是求得精神疾病治疗最佳效果的要求,而且是他精神分析学说建构的需要。还有,他用艺术分析来佐证他的精神分析理论,这也非常符合艺术的特性,这就是艺术创作在搜集素材、案例分析时被所有艺术家采用的普遍而行之有效的典型法。

从这个意义而言,发现临床个案与发掘艺术典型的内在联系,可视为他艺术方法论的探寻新路。

三、发掘象征意义

"大胆假设,小心求证",如此科学创新精神和治学态度方法,在弗洛伊德一生的研究中得到了充分的体现。

象征是一种古老的修辞,由文面的本意和文后的寓意构成,"它采用个性化的抽象方式,使被描述的客体成为'象征标志',成为直喻或隐喻的载体。"[1]从心理学上看,用这种"言外之意"的方式,引发出隐秘而深沉的"记忆",并与当下语境发生关联,进而取得抽象又形象、多义又具体、丰富又生动的审美效果。弗洛伊德是深谙此道的,他说过:"艺术家有一把开启女人心房的万能的钥匙;而我们这些搞科学的人,只好无望地设计一种奇特的锁,并不得不首先折磨自己,以便寻找一种适当的钥匙。"[2]"锁"与"钥匙"构成的相互依存的辩证关系,本身就构成一种象征结构,更是他深刻而绝妙的象征方式。从方法论的角度而言,这既是进入他精神分析学的路径,也是理解他精神艺术学的

---

[1] 林骧华等主编:《文艺新科学新方法手册》,上海文艺出版社,1987年版,第392页。

[2] 转引自高宣扬编著:《弗洛伊德传》,作家出版社,1986年版,第54页。

图式。

以下这些概念就体现了弗洛伊德艺术观的象征方法。

"白日梦"的象征。弗洛伊德认为,梦"是完全有效的精神现象——是欲望的满足。它们可以被插入到一系列可以理解的清醒的心理活动之中;它们是心灵的高级错综复杂活动的产物"[1]。艺术创作可以被视为一种"白日梦",艺术家通过创作来表达自己被压抑的欲望和冲动。艺术作品不仅反映艺术家的个人欲望和冲动,还能揭示人类的集体无意识。艺术家在创作过程中会使用各种象征和隐喻手法,以更微妙、更隐晦的方式表达自己的欲望和冲动。为此,他专门著有一篇《作家与白日梦》的文章。

"杀父娶母"的象征。弗洛伊德基于古希腊悲剧《俄狄浦斯王》的故事,提出"杀父娶母"的象征性行为,这个情节反映了男孩爱母憎父的本能愿望,即恋母情结。在人类文化发展的历史上,母亲和父亲因其承担了不同的文化角色而有着不一样的象征意义,母亲因其温柔而成了眷恋和依恋的对象,而父亲则是儿子憎恨和讨厌的对象,更是"压力山大"般的存在,去掉他才能实现永恒的温柔。他在《〈俄狄浦斯王〉与〈哈姆雷特〉》和《陀思妥耶夫斯基与弑父者》等文中,给予了详尽的阐述。

"里比多"的象征。这个词源自希腊语,意为"生命能量"。弗洛伊德认为,这种能量不仅限于性方面的欲望,而是泛指身体一切器官的快感。随着个体的生长发育,里比多逐渐转变为性欲,成为推动个体行为的主要动力。他用它来解说艺术家为何要进行创作:"艺术的产生并不是为了艺术,它们的主要目的是

---

[1] [奥地利]弗洛伊德:《释梦》,孙名之译,商务印书馆,2003年版,第119页。

发泄那些在今日大部分已被压抑了的冲动。"①艺术家是最能代表人类反抗压抑的人,不但自己有着旺盛的生命激情,而且善于借助艺术创作转移升华这种本能。他在《列奥纳多·达·芬奇和他童年的一个记忆》中,进行了详实而具体的阐释。

"游戏"的象征。弗洛伊德认为,游戏是儿童心理生活的象征,也是艺术创作的象征性替代物,主要受"快乐原则"支配。艺术家在创作时就像儿童在游戏中那样,能够满足自己的愿望,发泄受压抑的情感。他在《论创造力与无意识》里说道:"游戏的儿童的行为,同一个富于想象的作家在这一点上是一样的,他创造了一个自己的世界,或者更确切地说,他按照使他中意的新方式,重新安排他的天地里的一切。"②将儿童的游戏和作家的创作相提并论,由是艺术获得了新的解释。他在《作家与白日梦》中也涉及到了这个问题。

发掘象征意义的方法,是一次"狄尔泰鸿沟"的填平。一般认为自然科学采用经验/外在经验的模式,而精神科学则采用体验/内在经验的模式,而弗洛伊德的精神分析艺术理论,通过观察、实验的途径,达到理解、解释的目的,极大地启发了当今人文社会科学的研究方法。

---

① [奥地利]佛洛伊德:《图腾与禁忌》,杨庸一译,中国民间文艺出版社,1986年版,第116页。
② 转引自刘焱:《儿童游戏的当代理论与研究》,四川教育出版社,1988年版,第39页。

第三章　美学思想的生命论

> 生命呈现给我们的这幅图景是由于生的本能和死的本能共同存在而又相互对立的活动的结果。[①]
> ——弗洛伊德

什么是最美?

人类文明的答案是"爱",亲情之爱,人伦之爱,神圣之爱——由此点亮了美学王国的阿拉丁神灯。

弗洛伊德的回答是"性",原始之性,本能之性,欲望之性——于是打开了生命世界的潘多拉魔盒。

或许这盏神灯的光亮难免眩晕我们的双眸,而这个盒子播下的原罪让人类生命陷入了悲剧的渊薮,唯有它保留的希望为我们提供了升华的路径。

这是人类生命意力的触底反弹、生命意识的否极泰来、生命意向的华丽转身、生命意义的凤凰涅槃。就这个意义而言,与其说弗洛伊德的美学是精神分析美学,或无意识美学、心理学美学,不如说是生命美学。

---

① [奥地利]弗洛伊德:《弗洛伊德自传》,张霁明、卓如飞译,辽宁人民出版社,1986年版,第78页。

第一节　生命的悲本体

由"艰难困苦"而"玉汝于成",他的继承者弗洛姆说他是一个"悲剧式人物";[①]

由"欲火中烧"而"浴火重生",他的研究者王思源说他是一个"矛盾体人物"。[②]

原来这都是文明"惹的祸",但是,人类又不能不讲文明。弗洛伊德切身体会到,人生就是一场极大的不幸,生活也是一次苦痛的遭遇,由此形成了他的"文明—生命"论哲学:文明"必须展现爱欲和死亡之间、生存本能和破坏性本能之间的斗争……这种斗争是一切生命的基本内容。"[③]文明导致了生命的悲本体性存在,但绝不意味着人生的偃旗息鼓,而是如弗洛伊德一样,开始了伟大的绝地反击。

一、悲的境况

弗洛伊德深陷命运之悲的泥淖,除了他的犹太出身和晚年的癌症折磨,还长期患有神经官能症。进入而立之年后,尽管手握博士文凭,有了一份喜欢的职业和一个温馨的家庭,但是,他仍然有着深深的负疚感。

---

① [美]埃利希·弗洛姆:《弗洛伊德的使命》,尚新建译,生活·读书·新知三联书店,1986年版,第139页。
② [奥地利]弗洛伊德:《人类精神捕手:弗洛伊德自传》,王思源译,华文出版社,2018年版,第7页。
③ [奥地利]弗洛伊德:《文明及其不满》,严志军、张沫译,浙江文艺出版社,2019年版,第70页。

对病人，收了他们的钱并不能保证治好他们的病；对道德，由于他提出的歇斯蒂里病因学说而触犯了禁区；对家庭，由于医务的清淡而致一家老小常虞匮乏；最后是对科学，由于自己的假设之脆弱，他的结论很可能犯主观妄断这科学的大忌。①

由此从形而下和形而上两个方面形成了他生命美学的"双层结构"，表现在"隐显构成"的两个方面："隐"——无意识和"显"——里比多，建构起了别样而异样的美学大厦，从而呈现出两个鲜明的特色。

一是，从心理学的领域向人类生命的最深处进发，开发出了无意识这块神秘的处女地，并发现了真正导致生命苦痛的始作俑者——压抑。不但有性本能的压抑，所谓的恋母嫉父或恋父嫉母的情结，他说："女儿偏向父亲，或儿子偏向母亲，这种早期的清楚的迹象，大概可以在大多数人中寻得出来；但对于那些具有神经病体质的儿童，这倾向应当更为强烈，他们是早熟的并有一种爱的要求"，②很显然，这是人类文明所反对的愿望和行为；而且有死本能的压抑，弗洛伊德在1920年发表的《超越快乐原则》中，提出了死本能的概念，这是指人的一种与生俱来的使人类返回无机界的愿望，这种本能是对惰性的追求，它把人驱向死亡。

---

① 洪丕熙：《弗洛伊德生平和学说》，重庆出版社，1988年版，第103页。
② [奥地利]弗洛伊德：《精神分析引论》。见奥兹本《弗洛伊德和马克思》，董秋斯译，三联书店，2019年版，第57页。

二是,借历史学的视角从人类生命的大环境着眼,揭示了人类文明的双刃剑效应,在论述文明起源和文化象征的《图腾与禁忌》里他指出:"一个人活在世上由于生活负担太重,因此,烦恼亦随之增加,这些苦恼主要是来自:一、自然界的压力;二、自身肉体的弱点;三、家庭、社会、国家,及人与人之间关系的不安全性。"[①]早期人类要突破外在和内在、环境和自身交构成的巨大压力,就无所顾忌地张扬性力,而为了部落更好地生存发展,就得压抑这股强大的力量,不让它泛滥成灾。图腾禁忌反映了人类对乱伦的恐惧,由此给生命带来了难言的悲苦。于是,弗洛伊德视文明为"压抑",福柯视文明为"规训"。

弗洛伊德天才般地从内在和外在两个方面说明生之"悲"或生命的悲剧具有自然科学的必然性和人文科学的永恒性,既是与生俱来而无法销蚀的生命之悲,也是有史以来而不能避免的人生之悲,这生命的世界和世界的生命,怎一个"悲"字了得!

于是在自然美、人体美和爱情美这三种最能令人一见钟情和心往神驰的美上,弗洛伊德借一位诗人朋友的感慨,发现了它们的"非永恒性":

> 这一切美景注定要成为过去,夏日的明媚不久就会逸逝在隆冬的严寒之中。不仅如此,一切人类的美景都逃不过这命运的羁縻,人类所创造了的以及所能够创造的一切

---

① [奥地利]佛洛伊德:《图腾与禁忌》,杨庸一译,中国民间文艺出版社,1986年版,第9页。

> 美与高雅都不能幸免,这种想法深深地咬噬着诗人的心灵。[①]

颇类似于林黛玉感叹的"一朝春尽红颜老,花落人亡两不知",的确,这个世界上没有什么是永恒的,短暂的生命当然是宿命般的大悲。

弗洛伊德悲天悯人地使用了一个通常只有浪漫主义诗人才用的感念——悲愁感:"性力紧紧钳住了它的对象,而一旦对象丧失,即使作为补偿的代用品已经纳入,性力仍然不愿意放弃那失去的对象。那么,这就是悲愁感。"[②]悲愁感的来源是由于勃发的性力被强大的文明阻扰,压抑而产生的郁闷和愤懑无处释放而苦不堪言,即或是通过艺术等"代用品"的抚慰,依然是隔靴搔痒、望梅止渴,可谓"抽刀断水水更流,举杯浇愁愁更愁",因为与生俱来的"性力"是人类生命之"根"和生命之"源",舍之生命形同虚设而荡然无存,但是它又无处不在,无时不有,并且来势凶猛,具有强大的杀伤力。

"性力"既能极大地彰显生命的力量,又能悄然地销蚀生命的存在,这就是弗洛伊德揭示的生命悖论,更是他生命美学要说明的生命形而下的悲愁感和形而上的悲本体。

二、美的救赎

"美能拯救世界",是陀思妥耶夫斯基在小说《卡拉马佐夫兄

[①] [奥地利]弗洛伊德:《论非永恒性》,刘小枫译,见《美学译文》(3),中国社会科学出版社,1984年版,第324页。

[②] [奥地利]弗洛伊德:《论非永恒性》,刘小枫译,见《美学译文》(3),中国社会科学出版社,1984年版,第326页。

弟》里借佐西马长老的口道出的美学真谛。

犹如江河受阻,"川壅而溃,伤人必多",更似生命受压,"哪里有压迫,哪里就有反抗"。生命的原欲受到压抑就得释放,按照弗洛伊德的说法有两种释放的方式或渠道,性的行为和艺术创造,从而完成身心愉悦的美的救赎。

首先是身体舒畅。性能让身体舒畅,这就是弗洛伊德一直看好并推崇的性的重要功能。他在《性欲三论》加的一条注脚中指出,"在我看来,'美'的概念毫无疑问植根于性兴奋之中,它本来的意思是'能够激起性感'。"[1]快感先于美感,性感本身就是最大的美感,性接触的快感是一种充满着生命激情的美感。它有着极大的诱惑而让人乐此不疲,从而完成生理意义的审美救赎,这也是弗洛伊德对生命美学奠定的生命基础和注入的生命本能。

然后是心灵解放。这是美的救赎的最高境界。一般而言,它有三个途径:一是宗教层面的皈依上帝,弗洛伊德对此不感兴趣;二是社会领域的乐善好施,弗洛伊德在行医的生涯中努力做到了;三是艺术世界的审美活动,弗洛伊德有很高的艺术品位,他喜好收藏古董,结交著名作家和艺术家,并有很精湛的艺术鉴赏能力。他说:"艺术的产生并不是为了艺术,它们的主要目的是发泄那些在今日大部分已被压抑了的冲动。"[2]这刚好契合了康德的"审美无利害"说。

如果说性的压抑促使性的释放,在所有的释放方式中,艺术

---

[1] [奥地利]弗洛伊德:《性欲三论》,赵蕾、宋景堂译,国际文化出版公司,2000年版,第21页。

[2] [奥地利]弗洛伊德:《性学三论》,作家出版社,1986年版,第20页。

是最有审美品位的方式之一,因为弗洛伊德视艺术为里比多的升华和白日梦的寄托,"性的冲动,对人类心灵最高文化的、艺术的和社会的成就作出了最大的贡献。"①这个贡献就是成就了文明,塑造了人类。

其中涉及到性与美的重大关系的理解。

在远古时期,人类除了生存的压力外,自然原欲无拘无束,本能的性和人伦的美二者融为一体而不分彼此,没有弗洛伊德理解的文明压抑。后来,随着社会的发展和文化的进步,为了维持生命的良好遗传,维护人伦的社会秩序,自然本性遭到了社会伦理的规范,文明的出现使得人类逐渐远离了自然状态。弗洛伊德指出:"'文明'一词指'让我们的生活有别于动物祖先生活的所有成就和规范的总和,这些成就和规范有两个目的,即保护人类免受自然的侵害和调节人类相互的关系。"②可见,文明不但压抑了"性",而且升华了"美";一定意义上,文明还规范了"性",不再让其泛滥成灾,成就了"美",更使其通行无阻。

美之所以能够从身体的拯救进步到心灵的拯救,通过以上论述,可以看出"美的拯救"具有两个方面的含义。

一是,证明了"需要层次论"的正确。众所周知,马斯洛的这个观点,揭示了由低级需要到高级需要是人类生命离开动物状态进入社会状态的历史必然。这个过程也是弗洛伊德一直念念不忘的,克服原欲,由本我到自我再到超我的升华实现。马斯洛

---

① [奥地利]弗洛伊德:《精神分析引论》,高觉敷译,商务印书馆,1984年版,第9页。
② [奥地利]弗洛伊德:《文明及其不满·译序》,严志军、张沫译,浙江文艺出版社,2019年版,第3页。

的高明之处在于拯救的内容是一个逐渐递进的效果,而弗洛伊德却是由"性"到"美"的一步到位。

二是,说明了"文明的不满"的合理。弗洛伊德的"文明不满"说,并非是要否定文明的历史功绩,要人类回到洪荒的群交时代。小而言之是基于心理治疗考虑,让患者在自由联想和语言的状态下,恢复正常的身心健康;大而言之是出于生态伦理考量,让人类在宗教、道德,特别是在艺术的审美活动中既克服文明的异化,又规范性欲的释放,进而回归有序的社会生活。

总之,针对身陷"悲剧"的人类,不仅需要身体审美的拯救,而且需要心灵审美的拯救。

三、爱的升华

弗洛伊德的"性力升华",与其说是他艺术创造的核心观点,仅用它来解释艺术家的创作奥秘显然是不够的,不如说是他生命美学的基础理论,由此形成了他人文科学的鲜明特色。

这里自然引出了我们对包括生命美学在内的美学的理解,固然美学要研究感性愉悦,但是真正的愉悦一定是融合了感性与理性、体验与超验、有限与无限的,即美学是借助"美"的呈现来表达"爱"的诉求,如潘知常说的:"我们存在的全部理由,无非就是:为爱作证。'信仰'与'爱',就是我们真正值得为之生、为之死、为之受难的所在。因此,新世纪新千年的中国,必须走上爱的朝圣之路。新的历史,也必须从爱开始。"[1]就像舒婷《致橡树》里吟唱的:"爱,不仅爱你伟岸的身躯,也爱你坚持的位置,足

---

[1] 潘知常:《我爱故我在——生命美学的视界·前言》,江西人民出版社,2009年版,第6页。

下的土地。"这种崇高的爱,不仅是无私的、真诚的、火热的,而且是无条件的为爱而爱的——信仰之爱!

弗洛伊德没有按照我们对爱的通常理解或美学意义之爱来建构他的生命美学,而是从生命本身出发,结合所处的时代灾难来阐述他对爱的理解,在此基础上,追求人类文明的"大爱"。

首先,直面个体生命,升华原欲,实现艺术之爱。

众所周知,一直强调里比多在个体生命及其成长中的作用,是弗洛伊德精神分析学说最大的"生理"亮点,这也成了他美学理论显著的"生命"标志。我们知道,西方的美学,鲍姆嘉通是从感性生命出发的,尼采推崇生命的强力,柏格森弘扬生命的意志,而弗洛伊德则"一竿子插到底",直接抵达生命的原欲,但没有让它肆意妄为,而是借助艺术的方式,使其"放下屠刀,立地成佛",成为艺术创作的生命源泉。弗洛伊德认为,文艺在本质上是被压抑的性本能冲动的一种"升华"。所谓"升华"就是"改变本能的目标,使其不至于被外部世界所挫败"。在此过程之中,"性的精力被升华了。就是说,它舍却性的目标,而转向他种较高尚的社会的目标。"[1]这个目标毫无疑问是艺术美所彰显的爱——爱生活、爱生命、爱一切的所爱之爱。

其次,身处特殊时代,谴责战争,抒发祖国之爱。

58岁的弗洛伊德正处在事业的巅峰时期,就遇上了第一次世界大战。目睹战争带来的巨大灾难,他也由最初的兴奋转入极大的幻灭。1924年出版了反思这场战争的《论非永恒性》,他指出:"战争还使我们失去了对自己的文化成就的骄傲感,失去

---

[1] [奥地利]弗洛伊德:《精神分析引论》,高觉敷译,商务印书馆,1984年版,第9页。

了对如此众多的思想家和艺术家的崇敬,破灭了最终克服不同国家和不同种族之间的分歧的希望。"[1]生命遭受重创,原欲失去载体,"皮之不存,毛将焉附",个体的爱欲和成就、有限的学问和生命,面对战争和死亡,将荡然无存,唯有"有对祖国日益增长着的爱,对最亲近的人更加深厚的温柔情感",[2]让他升腾起一种超越本能之爱和艺术之爱的崇高感。可见弗洛伊德并非那种埋头书斋、不问世事的人,而是一个拥有家国情怀的科学家和美学家。

最后,思考文明意义,立足全球,追求人类之爱。

如果说个体生命原欲的存在是必然性的话,那么历史进程中战争的出现却是偶然性的,在这必然的合理性与偶然的非理性的冲突中,逼使弗洛伊德的思考上升到一个更高的层面,在本能的性爱、艺术的美爱、祖国的挚爱和家庭的亲爱之上,还更应该有一个人类的大爱,如果说前面几个爱多少都有局限性,而立足全球,追求的人类之爱,就是人类走出悲的境况,完成美的救赎后实现的爱的升华。晚年的弗洛伊德终于认识到了:"文明服务于爱欲的过程,爱欲的目的是陆续把人类个体、家庭、种族、民族和国家都结合成一个大的统一体,一个人类的统一体。"[3]这就是人类文明的意义,尽管它压抑原欲、规训本我,但它能让原欲蜕变为艺术,让本我升华为超我,进而实现"各美其美,美美与

---

[1] [奥地利]弗洛伊德:《论非永恒性》,刘小枫译,见《美学译文》(3),中国社会科学出版社,1984年版,第326页。

[2] [奥地利]弗洛伊德:《论非永恒性》,刘小枫译,见《美学译文》(3),中国社会科学出版社,1984年版,第327页。

[3] [奥地利]弗洛伊德:《文明及其不满》,严志军、张沫译,浙江文艺出版社,2019年版,第70页。

共"的人类之大美境界。

第二节　精神的原动力

文明人视之为"恶",中国曰"万恶淫为首",西方说"偷食禁果罪"。

道德人视之为"羞",既为男女隐私之"羞",又是常人难以启齿之"羞"。

其实它是生命亘古而必然的强大力量——性。弗洛伊德谓之"libido",可理解为性力、性欲、原欲或性本能。他却为之唱出了一曲嘹亮的生命赞歌:"性的冲动,对人类心灵最高文化的、艺术的和社会的成就作出了最大的贡献。"[①]人类进步的历史雄辩地证明了,"libido"是生命成长的内驱力,也是精神发育的原动力。

尽管这里冰雪封冻,但依旧会"寒凝大地发春华"。

虽然这里黑云压城,但仍然有"于无声处听惊雷"。

一、原欲的两种理解

弗洛伊德首次提出里比多概念是在他1905年出版的《性学三论》(也有译为《性欲三论》),开篇即说道:"人类和动物存在着性的需要,这个事实在生物学上用'性本能'的概念来表达,这就像用觅食本能来表达饥饿一样。"他接着说,"在科学上用'原欲'

[①] [奥地利]弗洛伊德:《精神分析引论》,高觉敷译,商务印书馆,1984年版,第9页。

这个词来表达这种含义。"[1]在书中,他详细阐述了性的概念,将其作为人类性欲和心理动力学理论的核心要素之一。

他把"性学"研究纳入了无意识理论的框架,认为原欲、本能之性的产生和发展、冲动和爆发、表现和呈现都是与生俱来而无须专门训练的生命本能,除了人所共知的青春期的反应外,他还别出心裁地发现了幼儿到少年"里比多"的"四阶段":

0—3岁的口唇期:里比多主要集中在口唇区域,婴儿通过吸吮、触咬和吞咽等行为获得快感,母亲的乳房满足了婴儿的营养和快乐需求。1—3岁的肛门期:里比多转移到肛门区域,儿童通过排便和控制排便获得快感。3—6岁的性器期:里比多指向生殖器区域,儿童会对双亲中的异性一方产生性依恋,形成俄狄浦斯情结或厄勒克特拉情结。6—12岁的潜伏期:在这一阶段,儿童的性发展呈现停滞或退化现象,它相对平静,儿童的注意力转移到学习和社交活动上。这些阶段反映了弗洛伊德对性欲及其发展的独到见解,指出了里比多在儿童不同年龄段,也可视为人的整个一生的集中区域的表现,并对个体心理发展产生深远的影响。

弗洛伊德在《精神分析引论》《性欲三论》里既研究了包括人类的基本欲望,还研究了儿童期的性欲和青春期的性欲,由此构成了他对生命原欲的两种理解:儿童的和成人的,广义的和狭义的,正常的和变异的。

一种是广义的原欲。这主要集中在"欲"上,如果说性即生命的话,那么最原始和最初始的愿望,即是自体生存本能,如饮

---

[1] [奥地利]弗洛伊德:《性欲三论》,赵蕾、宋景堂译,国际文化出版公司,2000年版,第1页。

食、睡眠、避险等基本生存需求,属于马斯洛需要层次中的低级需求。他说:"饥饿是营养方面的本能,即凭借这个力量来达到其目的。"[1]他以婴儿吮吸母亲奶头或橡皮乳头才能入睡的现象,来说明这只是生存的原欲而非生理的性欲。没有这种本能的欲望,就没有其他欲望,尤其是性方面的欲望。

一种是狭义的原欲。这是与"性"有关的欲望,这又可分为三种性欲。

一是,儿童的性欲。这主要包含在儿童上述四个阶段内对母亲的唇舌亲吻、皮肤接触、乳房吸吮等行为,弗洛伊德视之为"恋母情结",并认为其中包含了"性"的成分。其实儿童尤其是三岁以前的这些行为,更多地是上述"原欲"的无意识表现,是没有所谓的"性"意识的,有权威报告指出:"儿童自3—4岁开始明了自己的性别,这一时期即'性自认期',因性心理本身出生后即渐趋明朗化。"[2]六岁以后,特别是再往后随着儿童性别意识的出现或许是会把朝夕相处的母亲视为"性爱"的对象。

二是,生命的性欲。弗洛伊德理解的"性",不是仅指性器官、性生活等生殖意义的性,而是泛指生理快感和与之相联的心理快感,包括许多追求快乐的行为和情绪的变化一类的情感活动。"第一,性与某些最密切的联系物生殖器相脱离,而被看作一种更易理解的身体功能,追求快乐是其第一目的,其次才是为生殖目的服务;第二,性冲动被视为包括所有那些只是为深情的、友好的冲动在内,可用'爱情'这一意义最模棱两可的词来表

---

[1] [奥地利]弗洛伊德:《弗洛伊德精选集》,李娅译,中华工商联合出版社,2020年版,第211页。
[2] 《中国性科学百科全书》,中国大百科全书出版社,1998年版,第350页。

示这一用法。"①它是超越了生殖而具有爱的广义的性欲——弗洛伊德"libido"的本义。

三是,变态的性欲。弗洛伊德在《性欲三论》中分析了儿童的、青春期的和变态的三种性欲,使得性欲理论得以完整建立。他较为详实地分析了"性对象的变异",如性倒错、恋童癖、性虐待、露阴癖,"性目标方面的变异",如抚摸、接吻和恋脚一类性器官外部位的接触,还有虐待狂与受虐狂等。之所以会出现这些性的异常表现,他认为这些人"跟其他人一起经历着人类文明发展的过程,在这个过程中,性欲一直是弱点"②。他们之所以有这个"弱点",是由于身心本来就不健康,加上文明意识和社会规则的压抑而导致的。

从生命美学的角度看,弗洛伊德对包括性欲在内的原欲的理解,完成了他对生命本质的定义——欲望,从食欲到性欲再到爱欲。无疑,这是对生命美学了不起的贡献,他说过:"在我看来,'美'的概念毫无疑问植根于性兴奋之中,它本来的意思是'能够激起性感'。这与一个事实有关,即我们从不把能够激起最强烈的性兴奋的生殖器官本身看做是真正'美'的。"③

二、本能的两种见解

犹如无意识论一样,本能论也是弗洛伊德精神分析学说的

---

① [奥地利]弗洛伊德:《弗洛伊德自传》,张霁明、卓如飞译,辽宁人民出版社,1986年版,第48—49页。

② [奥地利]弗洛伊德:《性欲三论》,赵蕾、宋景堂译,国际文化出版公司,2000年版,第15页。

③ [奥地利]弗洛伊德:《性欲三论》,赵蕾、宋景堂译,国际文化出版公司,2000年版,第21页。

重要组成部分,虽然原欲和性欲是他视为的本能。1905年弗洛伊德在撰写的《日常生活的心理分析》和《少女杜拉的故事》中,意识到"各种心理症的推动力量,无一不以性本能为根基"。接着在以后的研究中"发现了性本能、性冲动在人的心性发展中所起的作用和影响"[①]。这里,我们要问一声,给弗洛伊德精神分析美学注入精神原动力或生命内驱力的,仅仅是"性"吗?当然不是的。他在后来的研究中,又用"性动力"来替代"性本能",还是感到没有能把本能说清楚,1915年发表的《本能及其变化》一文中,把原始本能分为自我本能和性本能,直到在1920年发表的《超越快乐原则》里提出了"生本能"和"死本能"的两种见解,至此本能概念得以完整阐释。

> 我们的看法是,爱的本能从生命一产生时便开始起作用了。它作为一种"生的本能"来对抗"死的本能"。而后者是随着无机物质开始获得生命之时产生的。这种看法是想通过假定这两种本能一开始就互相斗争来解开生命之谜。[②]

"生的本能"是"能使生命保持更长的时间","死的本能"是"促使生物尽快地达到生命的终极目标",并且"生的本能,与其他导致死亡倾向的本能相对立,这表明了在两种本能之

---

① 高宣扬:《弗洛伊德传》,作家出版社,1986年版,第201页。
② [奥地利]弗洛伊德:《弗洛伊德后期著作选》,林尘、张唤民、陈伟奇译,上海译文出版社,1986年版,第67页。

间的矛盾"。① 在弗洛伊德看来,人类由互相冲突的两种本能所驱动,即生本能和死本能。生本能是生存的和发展的本能,代表着创造和爱的愿望,追求现实的快乐原则;死本能是毁灭的和后退的本能,意味着破坏和恨的力量,实际上是生本能的另一种表现形式。

如果说生本能是遵循现实中"快乐原则"的生命,当然这个快乐的生命是短暂而有限的,那么死本能则是服从"超越快乐原则"的生命,因为超越了短暂和有限,所以这个生命就具有了永恒的意义。弗洛伊德认为"最大的快乐是性行为的快乐",②但这毕竟要受到文明的压抑和限制的,也不可能将这种快乐一直持续下去,短暂的快乐过后就是极大的空虚和无聊,因而"在兴奋的过程中,同时存在着快乐与'痛苦'的感觉"③。弗洛伊德要说明的是,只有"超越快乐原则"的死本能才是生命的真相。

第一次世界大战给欧洲带来的伤害,还有 20 年代末第一次经济萧条的来临,加上他口腔癌的加剧,都使得弗洛伊德对生与死有了新的切肤之感,他更是从人类文明的宏观视野来考察这两个本能。1932 年,在他和爱因斯坦的通信《缘何而战》中,通过对战争的理解,进一步深入而完整地阐释了这两种本能。他将保存生命和融合他人称为"爱欲"本能,将破坏生存和杀戮生

---

① [英]约翰·里克曼编:《弗洛伊德著作选》,贺明明译,四川人民出版社,1986 年版,第 275 页。

② [英]约翰·里克曼编:《弗洛伊德著作选》,贺明明译,四川人民出版社,1986 年版,第 220 页。

③ [英]约翰·里克曼编:《弗洛伊德著作选》,贺明明译,四川人民出版社,1986 年版,第 221 页。

命称为"毁灭"本能。①

一方面,期待着将生本能升华为"爱欲"。"文明服务于爱欲的过程,爱欲的目的是陆续把人类个体、家庭、种族、民族和国家结合成一个大的统一体,一个人类的统一体。"②战争的杀戮和疾病的折磨,让他更加珍惜爱的不容易,他渴望人类在爱的旗帜下亲如一家。另一方面,发现了死本能会发展为"进攻性",它源于人类社会初期和个体生命内部,今天"这种进攻性本能是死亡本能的派生物和主要代表"。③ 这种本能犹如"性"一样,是无意识和意志的结合体,越是压抑越是反抗,体现出人类生命中残酷和肮脏的一面。可见,在弗洛伊德那里,如《文明及其不满》的译者严志军说的:"文明就进一步理解为一种斗争,即爱神与死神之间的斗争,生存本能与破坏本能之间的斗争。"④

这两种水火不相容的本能,弗洛伊德竟然发现了它们有着密切的联系。首先是在临床时发现:"在施虐狂中,我们才能最清楚地认识到死亡本能的本质及其与爱欲的关系。"⑤所谓"折磨也是一种爱",有着病态含义的爱得死去活来,当然它是一种

---

① [奥地利]弗洛伊德:《文明及其不满》,严志军、张沫译,浙江文艺出版社,2019年版,第176页。
② [奥地利]弗洛伊德:《文明及其不满》,严志军、张沫译,浙江文艺出版社,2019年版,第70页。
③ [奥地利]弗洛伊德:《文明及其不满》,严志军、张沫译,浙江文艺出版社,2019年版,第70页。
④ [奥地利]弗洛伊德:《文明及其不满·译序》,严志军、张沫译,浙江文艺出版社,2019年版,第6页。
⑤ [奥地利]弗洛伊德:《文明及其不满》,严志军、张沫译,浙江文艺出版社,2019年版,第69页。

病入膏肓的爱。其次是生死本能的一体化,由于"死本能隐藏在爱欲的幕后",只有"与爱融合时,死亡本能才会显现"。① 说明生命的最大意义是爱与被爱,而爱的最后结果和最高境界是死亡,无数痴男怨女的殉情就是生动的例证。最后是揭示了生命的本质意义。鉴于弗洛伊德的"生命现象可以从这两种本能交汇或相互对抗的活动中得到解释"之观点,②要解释生命现象,于个体而言,爱是暂时和偶然的,而死却是必然而永恒的,走向死亡是爱的唯一之路,所以死亡"只是一种新的存在的开始,它存在于向更高水平发展的阶段中"。③

围绕"性"的原初性和永恒性的存在意义,生本能让人类沐浴着诗意的阳光,享受着"性"给予我们的美妙;死本能更让人类头顶"达摩克利斯之剑",面临着"性"暗藏的无底深渊。弗洛伊德揭示的这两种本能,实现了人类生命的浴火重生,还有生命美学的壮丽日出。

三、情结的两种阐释

所谓"情结":一个人相关的心理内容组成的"心理丛",无意识形成的精神活动构成了"情意综"。

在弗洛伊德精神分析学说或生命美学理论里有两个著名的情结:俄狄浦斯情结(Oedipus complex)和厄勒克特拉情结(E-

---

① [奥地利]弗洛伊德:《文明及其不满》,严志军、张沫译,浙江文艺出版社,2019年版,第69页。
② [奥地利]弗洛伊德:《文明及其不满》,严志军、张沫译,浙江文艺出版社,2019年版,第67页。
③ [奥地利]弗洛伊德:《文明及其不满》,严志军、张沫译,浙江文艺出版社,2019年版,第117页。

lectra complex)。稍微遗憾的是,学术界对前者的研究连篇累牍,而后者却门可罗雀,当然弗洛伊德自己也厚此薄彼,常常用俄狄浦斯情结来涵盖他的精神分析。从生命美学的角度看,厄勒克特拉情结却有着不可或缺的地位。

弗洛伊德通过自我分析,认为儿童在人格发展的生殖器阶段,为了寻找性欲的对象,释放内在的里比多,儿童身上就会发展出一种恋母/恋父综合性欲。在这种心理驱使下,儿童爱恋异性双亲而讨厌同性双亲。于是,男孩把母亲当作性爱对象而把父亲当作情敌,女孩则正好相反。这样男孩就产生了"俄狄浦斯情结",又译"恋母情结",女孩就产生了"厄勒克特拉情结",又译"恋父情结"。俄狄浦斯和厄勒克特拉都是古希腊神话中的人物,前者是古希腊悲剧《俄狄浦斯王》里的一位王子,他不知不觉地应验了神灵的预言,走上杀父娶母的道路,最后酿成悲剧;后者是古希腊悲剧《俄瑞斯忒斯》里的一位公主,她的父亲被母亲谋杀了,于是她怂恿她的兄弟杀死母亲,为父报仇。

我们就分别看看弗洛伊德是如何阐述这两个情结的。

他是这样论述俄狄浦斯情结的:"最初小男孩发展了一种对母亲的对象发泄,起先与母亲的乳房联系在一起,这是依赖型对象选择的最早的例子。通过认同作用把自己看成父亲。一段时间之后,这两种关系就成为并列的了,直到他对母亲的性愿望越来越强,以至把父亲视为这种关系的障碍。这就产生了俄狄浦斯情结。"[1]可见,他阐述的这个著名的情结,有着这几个特点。一是,以性欲力作为动力,揭示性之于生命的重要意义,彻底颠

---

[1] [英]约翰·里克曼编:《弗洛伊德著作选》,贺明明译,四川人民出版社,1986年版,第286页。

覆了人们将性与成年挂钩的成见,指出了性是童孩生命成长的必经之路。二是,以无意识为背景,儿童的所有这一切都是在懵懂状态中发生和发展的,随着青春期的到来,他的性意识自然就会转移的,并会以此为羞耻。三是,以反文明为主题,众所周知,弗洛伊德一直是通过张扬性力来反抗文明的压抑和限制,儿童的成长过程也是文明的规训过程,只有从生命起始处反对文明的制约,才能真正实现个体生命的解放。

他是这样阐述厄勒克特拉情结的:"一个男孩不但具有对父亲的矛盾态度和对母亲的柔情,同时也会像女孩那样显示出对父亲的柔情态度和对母亲的相应敌意与嫉妒。"[1]弗洛伊德在《精神分析引论》里分析认为:小女孩最初对母亲有一种依恋,而在5岁左右,认识能力和独立性都有较大提高,小女孩发现男女身体结构的差别,因此她认为自己的身体是不健全的。意识里开始清晰地发现了父亲,并且徒劳地想和父亲一样,从而衍变为强烈的恋父情结。[2] 和俄狄浦斯情结相比,这个"恋父"情结具有和"恋母"情结相反的特点:

一是,性欲力的弱化而精神性的强化。性之于女性更多的是含蓄和持久,而不像男性之于女性在性的问题上更富有挑战性和进攻性,因此小女孩对父亲的依恋更多地是一种精神上的崇敬,毕竟人类社会还是由男性主导的。二是,无意识的淡出而有意识的突显。如果说男性对女性的冲动是与生俱来的,而女

---

[1] [英]约翰·里克曼编:《弗洛伊德著作选》,贺明明译,四川人民出版社,1986年版,第287页。

[2] [奥地利]弗洛伊德:《精神分析引论》,高觉敷译,商务印书馆,1984年版,第263—265页。

性对男性的依恋则是生理构成和心理机能的体现,在男女身体的比较中,发现自己的不足而自卑,于是"小鸟依人"就成了女性情感的流露和归宿的选择。三是,反文明的消逝而文明性的增强。母亲象征着自然,父亲代表着文明,"恋母妒父"是进入文明时代,人类"失乐园"后在世界中的煎熬和焦虑,而依恋并崇拜父亲不仅是情感的认同体现,而且是理性的明智导向。

由此可见,在弗洛伊德的精神分析学说里,之所以要强调"俄狄浦斯情结",甚至以此代替"厄勒克特拉情结",是与他对里比多的推崇和无意识的强调有关的。但是,也只有这两个情结的呈现,才能构成他没有性别歧视的心理学和精神分析学,更是他为生命指向的美学天空而打造的双翼。

因为,他说过:"美学理论应处理这些其最终目的是要获得快乐的情况……"[①]什么样的情况最能令人快乐?"男女搭配,干活不累。"

第三节　意识的最深处

在人类连"意识"都未能真正弄明白的时候,弗洛伊德竟然抛出了"无意识"。

如果说"意识"犹如"神龙见首不见尾",那么"无意识"就像"雾里看花水中望月"。为此,弗洛伊德用了两个精彩的比喻来解说:

冰山之喻:人的精神结构像一座巨大的冰山,其中只有一小

---

① [英]约翰·里克曼编:《弗洛伊德著作选》,贺明明译,四川人民出版社,1986年版,第199页。

部分浮出水面的叫"意识",而大部分隐藏在水下的叫"无意识"。

圆圈之喻:人的心理结构像一个很大的圆圈,被包围在圆圈以内可感知的叫"意识",而圆圈以外无法知晓的叫"无意识"。

毫无疑问,无意识理论是弗洛伊德构筑生命美学大厦的第一根柱础。

一、概念及关系

弗洛伊德的无意识(潜意识)理论的形成并非一蹴而就。

1885年他在巴黎接受沙考特指导时,在对精神病患者用催眠法治疗过程中,发现了无意识的存在。

1895年他与布洛伊尔合著的《歇斯底里研究》出版,提出了人的精神活动的三种状态:无意识、前意识和意识,揭示了人的心理活动中看不见,也不被人注意,却是支配人的行动的原始意识的根源。

1899年弗洛伊德在《梦的解析》里更为全面地阐述了无意识理论,指出:"一旦释梦的工作能完全做到,可以发现梦是代表着一种'愿望的达成'。"[1]更深层次的"愿望"是积聚已久已经意识不到的愿望——无意识。

1912年,在出版的《精神分析引论》里他指出:"精神分析的第一个令人不快的命题是:心理过程主要是潜意识的,至于意识的心理过程则仅仅是整个心灵的分离的部分和动作。"[2]

---

[1] [奥地利]弗洛伊德:《梦的解析》,赖其万、符传孝译,作家出版社,1986年版,第53页。

[2] [奥地利]弗洛伊德:《精神分析引论》,高觉敷译,商务印书馆,1984年版,第8页。

直到1917年出版的《精神分析引论新编》他才比较完整地阐释了无意识：

> 在构成心理活动的过程中，无意识是一个正常的不可避免的阶段。每一种心理行为一开始都是无意识的，它或者保持这种状态，或者发展成为意识，这取决于它是否受到阻碍。①

此书是对弗洛伊德1912年出版的《精神分析引论》的修订和扩展，他详细阐述了无意识的概念，并将其作为精神分析理论的核心。

1923年完成的《精神分析引论新编》又指出："一种历程活动于某一时间内，而在那一时间之内我们又无所觉，我们便称这种历程为无意识。"②

由此，弗洛伊德破天荒地发现了无意识的存在，并以此概念命名，因其似是而非的特质。它之于个体心理有着这样的构成：在表层上，确实没有意识到，所谓视若无睹，听而未闻，知而不觉。在中层上，似乎曾有所意识而没有感觉到，也没有与别的意识联系起来，一晃而过就宕然不知了。在深层上，如果没有一定的外因引诱或刺激，将长久甚至永远在意识的最幽深处潜滋暗

---

① ［英］约翰·里克曼编：《弗洛伊德著作选》，贺明明译，四川人民出版社，1986年版，第65页。
② 转引自杨芳：《试论弗洛伊德的无意识理论》，《贵州师范大学学报》（社会科学版）1993年第3期，第50页。原文见弗洛伊德：《精神分析引论新编》，1984年英文版，第50页。

长或沉睡下去，主体从未意识到，但并不等于它不存在。

相对于显在的意识，其他都可以叫潜在的意识。弗洛伊德说道："我们发现我们有两种潜意识：一种是潜伏的但能成为有意识的；另一种是被压抑的是不能成为有意识的。这种对心理动力学的洞察也影响到了我们的术语和描述，我们称之为前意识，而把潜意识一词留给那种被压抑的动力学上的潜意识。我们有了三个术语，即：意识、前意识和潜意识。"[1]无意识概念是基于我们熟悉的"显意识"而命名的，二者中间还有一个前意识。于是从意识的被认知角度看，个体的意识依次形成了"显意识"（意识）、"前意识"和"潜意识"三个层级。

意识是人在清醒状态下，大脑对于客观物质世界的主观反映，也是感觉、思维等各种心理活动过程的总和，它具有将前意识和无意识提升到意识的作用，用以引导人们的言行举止等。

前意识是意识与潜意识之间的中介环节，它位于意识和潜意识之间，起到"稽察者"的作用，使得某些信息在一定的情景下，被激活时可以进入意识，其余的则被拦截下来，沉睡在无意识中。

无意识是指那些在通常情况下根本不会进入意识层面被自我感知的东西，如内心深处被压抑而无从意识到的欲望，秘密的想法和恐惧，远古的人类记忆等，尽管不被意识到，但它一直存在着。

关于三者的关系，弗洛伊德分别在《歇斯底里研究》和《精神分析引论》里有过"冰山"和"房间"的精彩比喻：

---

[1] ［奥地利］弗洛伊德：《论美·代序》，邵迎生、张恒译，金城出版社，2010年，第6—7页。

如果说人类的精神活动犹如大洋里的一座冰山的话，那么，意识就是露出海平面的冰山一角，前意识就是随着海浪起伏若隐若现的冰山腰部，而无意识则是沉入海平面下面的无法测量的巨大的冰体。

如果说人类的意识系统好像一层楼的几个房间的话，那么，无意识就像杂乱无章陈放物品最大的那一间房，意识就是井井有条摆放物品的小房间，而前意识就是站在两间屋之间履行检查职责的哨兵。

二、特征及实质

在和意识与前意识的比较中，我们可以看出无意识的特征。如果说，意识是社会及理性培育出的观念，是显而易见的心理现象，前意识是被初步察觉到的无意识，是通过意识调动后的心理现象；那么，无意识则是人类潜藏的经历及欲望，是不被意识到但又存在的心理现象。

根据一般心理学理论，结合弗洛伊德的精神分析学原理，无意识具有以下三个特征。

一是，偶然表现却有必然规律。

无意识并不是玄而不显、隐而不露，由于人的意识不可能长期处于绷紧状态，在心理防线松懈或注意力被分散的时候，总会露出蛛丝马迹，甚或显示庐山真容，如经常性的口误和笔误，不经意的抖腿和搓手，下意识的眨眼和挠耳等，这些动作看似无缘无由，却有着长久而深层的原因。尽管弗洛伊德为了治病，对此有专门的研究，发现文明意识对本能的抑制、技能训练而形成的习惯。

他集中研究了作为无意识典型表现的"梦"，梦境中出现的场景和情节往往与日常生活中的经历和情感有关,但这些内容在清醒状态下通常不会被意识到。弗洛伊德认为:"在梦中,人们常常会因为某一图像而触动情感,他们可能会悲伤,以致落泪,可能会恐惧,也可能会喜悦兴奋,总之,在现实生活中所具有的情感,在梦中都会有。"①所以,日有所思夜有所梦,梦是一种愿望的间接满足。

二是,看似静止却是暗自运动。

由于无意识不被感知,因此常常不被人承认它的存在,在经过弗洛伊德揭示后,从心理科学的角度,人们姑且认可了它的存在,但普遍觉得它犹如一潭死水,静止不动,需要他人有意识的"唤醒"。但是,弗洛伊德通过大量的临床发现,认为无意识是向上运动着的,具有向外推的力量,尤其是它救助性的原始力量推促其冲破重重阻力,进而顽强表现出来。

这典型集中地表现在人的"性力"上。"性"在弗洛伊德早期的无意识理论中占有中心和首要位置,性冲动的表达与意识的抵抗是一切焦虑和冲突的根源。"在神经症现象背后起作用的,并不是任何一类情绪刺激,而常常是一种性冲动本能。"②无疑,这种本能是与生俱来并且是最大的无意识,它无时无刻不在冲动中,在犹如地下岩浆的运行中保证了生命的力量积蓄,而文明对它的压抑越强烈,它的向外冲击的力量就越猛烈。形成了一正一反,作用力与反作用力的较量。

---

① [奥地利]弗洛伊德:《弗洛伊德精选集》,李娅译,中华工商联合出版社,2020年版,第54页。
② [奥地利]弗洛伊德:《弗洛伊德自传》,张霁明、卓如飞译,辽宁人民出版社,1986年版,第27页。

三是，饱受压抑却仍追求快乐。

无意识之所以叫无意识，并不是它没有"意识"，而是人们一般情况下不知道或无法感知它的存在，究其原因是因为它储藏了大量的原始欲望，如果不把这些欲望管束住，就会给自己和社会带来极大的灾难，因而必须把它死死地打入十八层地狱，镇在雷峰塔下。但是，人类所有的原始欲望都是以满足生命的需要为前提的，而快乐是生命的最大需要，因此快乐就必然是它追求的目标。

弗洛伊德把这些看法归入他的无意识理论里去，但改变了其重心。他说，整个精神机关的基本促进动力，来自没有得到满足的愿望或者没有得到平息的激动——一个释放由此而产生的未满足感（不快）的愿望，从而消解紧张，得到快乐。在早期，弗洛伊德把它叫作"不快乐原则"，可后来重新命名为"快乐原则"，这个标签后来成为心理学理论的一个重要概念。

通过以上对无意识特征的分析，可以启发我们认识它的本质。

无意识的这些特征不仅鲜明地和意识，特别是前意识区分开来，更是说明了它是人类心理活动或精神构成的必然存在，也就是说无意识是和生命存在及其活动息息相关的。如果说自由和快乐是生命的两个本质属性的话，那么意识就是追求文明允许的自由和快乐，前意识就是在文明和本能之间追求自由和快乐，而无意识则是渴望突破文明的禁忌追求自由和快乐，这种追求不但更具有生命本身的意义，而且有着超越生命局限、张扬生命存在、反抗生命压抑的价值。

印度学者雷卡·占吉认为："弗洛伊德指出无意识的本性如下：'……不相互矛盾，原始过程（净化的能动性），无始无终，以及用心理代替外部实在……所有这些都是我们可以在无意识系统中发现的特质。'"① 意识和无意识的抵牾是一个过程——一个伴随生命始终的过程,这两种意识,特别是无意识之所以能长久以至于永恒地存在,就是因为它在和以文明为表征的意识的较量中,不屈不挠地追求自由,一心一意地体验快乐。

三、贡献及反思

> 历史上总有一些发现不断改变我们的思维方式和世界观。西格蒙德·弗洛伊德关于无意识对人类生活、经历和共同生活关键性作用的认识无疑就是这样一个重大发现。②

这是当代奥地利著名作家,为弗洛伊德作传记的格奥尔格·马库斯的评价。其实自从无意识理论问世以来,就备受争议,对这个"玄之又玄,众妙之门"的学说,我们应当如何予以科学而合理、客观而同情的评说呢?

一是,哲学上对人类意识探索的新推进。

思维与存在关系的辩证认知是哲学的首要问题,自古希腊开创的理性主义哲学传统就将思维与意识等同起来,中国古代的孟子也认为"心之官则思",那么思维背后还有"思"吗? 如果有,那么这个"思"又是什么呢? 弗洛伊德第一次从可意识的思

---

① 王鲁湘等编译:《西方学者眼中的西方现代美学》,北京大学出版社,1987年版,第286页。
② [奥地利]格奥尔格·马库斯:《弗洛伊德传》,顾牧译,人民文学出版社,2021年版,第1页。

维递进到无可意识的思维,开启了人类对思维背后意识,即深层心理的探寻。但他不是异想天开和主观臆测,而是结合临床经验,在研究过程善于透过现象看本质。"像潜意识这样难以把握的东西,竟然能产生强迫动作这样真实可见的力量,谁能想得到呢!"[①]他正是从患者的病症和常人的反常言行、奇异梦幻等表现上,发现了意识背后的无意识。如此将人类自我意识的探索又推进到了一片幽深而玄妙的天地,这与其说是发现了人类心理世界新大陆,不如说是尝试了人类精神世界的新开掘。

二是,心理学上对研究领域的新拓展。

自从有心理研究以来,人们都认为"心理即意识"。只有弗洛伊德开创性地将无意识概念引入心理学,在1899年出版的《梦的解析》中,首次系统地提出了无意识的概念,并将其应用于神经疾病的治疗和心理学的研究。尽管在此之前,无意识的概念在哲学和心理学中有所讨论,但弗洛伊德是第一个将其科学化并系统化的人;他从意识出发,逐渐深化到了前意识和无意识,形成了一套较为科学的人类心理结构体系。他以无意识为核心,建立起了一个以性本能、人格论、白日梦等为重要内容和构成的现代精神分析学,还延展为性心理学、动力心理学、变态心理学、人格心理学、梦幻心理学,极大地拓展了现代心理学的研究领域,并且还启发了后来荣格的集体无意识理论,还丰富了艺术心理学、社会心理学、管理心理学等理论。

三是,艺术学上对创作动机的新理解。

弗洛伊德的无意识理论不仅在心理学领域产生了深远影

---

① [奥地利]弗洛伊德:《弗洛伊德精选集》,李娅译,中华工商联合出版社,2020年版,第189页。

响,还渗透到了文学、哲学、艺术和其他社会科学领域。无意识理论在创作的领土上开垦出了一片全新的区域,为各类艺术创作营造了一个更加广博的空间,丰富了各类作品的层次感,丰孕了作品人物的内心及情感,促使文学艺术家意识到塑造人物形象的手段可以更加立体多样。他通过对莎士比亚创作《哈姆雷特》的分析,认为"美的倾向及艺术活动均源于潜意识;艺术作品是作者心中潜意识的外化和艺术变形"。[1] 此外,他还对达·芬奇、米开朗琪罗、陀思妥耶夫斯基等艺术家创作的深层动因进行了别出心裁而极有启发性的分析,由此说明"潜意识在文学中的表现手法是多种多样的,这就像梦的'显意'表现梦的'隐意'时可以采取多种多样的形式一样"。[2]

深刻中有片面,前卫时有偏激,并有待进一步从脑科学和神经学上予以完善。他的无意识理论对精神分析学、心理学、精神病学、文化研究等领域产生了重大影响,并引发了广泛的争议和批评。

说他是泛性主义的始作俑者。他突出了人的自然性而忽略了人的社会性,如将性的压抑视为整个人类文明前进的动力,用性来解释一切文化—精神现象,为后来西方社会和文化的泛性主义提供了理论支持。

说他是神秘主义的后起之秀。从原始的神灵崇拜到后来的宗教意识,神秘主义在欧洲有着悠久的历史和广泛的影响,而弗洛伊德对梦幻、玄想和象征的重视,使得无意识更显得玄妙至极而不可知。

---

[1] 高宣扬编著:《弗洛伊德传》,作家出版社,1986年版,第280页。
[2] 高宣扬编著:《弗洛伊德传》,作家出版社,1986年版,第280页。

说他为非理性主义火上浇油。对理性的反叛在19世纪的欧洲有叔本华、克尔凯郭尔、尼采等,而弗洛伊德无意识理论存在着轻视社会实践,强调自我感觉、主观意识,而缺乏科学的验证,甚至不乏前后矛盾之处。

第四节 人格的三结构

人的内心犹如一片深不见底的海洋,弗洛伊德就像一个勇敢的潜水员,一头扎进了这个"海底龙宫",完成了两次伟大的"探险工程"。

心理世界的三层次:无意识,前意识,显意识。精神王国的三结构:本我,自我,超我。大概可以这样来描述二者的关系:①

相对于无意识的本我追求的是"快乐原则";

相对于前意识的自我追求的是"现实原则";

相对于显意识的超我追求的是"完美原则"。

这三个"我"并非学问形态的"我",而是生命状态的"我",因而由"本我"经"自我"再到"超我",弗洛伊德建立的不仅是人格结构说,而且是动力心理学。

一、人格结构模式

人格一词源于拉丁文的"Persona",原意指演员在舞台上戴的面具,象征着个体在不同社会角色中的表现,后来引申并发展为一个概念"星丛"。哲学意义上的人格是指社会主体在各种实

---

① [奥地利]弗洛伊德:《自我与本我》,黄炜译,陕西师范大学出版总社,2021年版,第154页。

践活动中形成并建立起来的世界观,即对人的认识;伦理学意义上的人格是指一个人的言行要遵循历史传统和符合现实规范,即对人的要求;美学意义上的人格是指生命主体追求的人生的目标和美好境界,即对人的希望。

弗洛伊德的人格结构理论中的人格被视为从内部控制行为的一种心理机制和精神要素,它们决定着一个人在一切给定情境中的行为特征或行为模式。弗洛伊德认为,人格的变化发展是人们在努力缓解和消除挫折、冲突、痛苦和焦虑等心理过程中,通过一些顺应和克服心理障碍的方法使人格的作用保持连续性与规律性,最终形成个人的独特人格,并建立起完整的人格结构模式:本我、自我和超我。

首先,本我是"真正的心理实在"。

它处于人格结构中最原始、最本能的底层,根植于个体的生物性需求之中,是生命力量的源泉。本我包括生的本能和各种欲望。食欲、性欲、攻击欲、依赖欲等都属于本我。本我按照快乐原则行事,是在幼稚和未成熟状态下所采取的行动原则。他还在《自我与本我》里说道:"本我以知觉系统为核心进行发展""被压抑了的事物同样融入了本我""本我包含了一切的情感"。[1] 弗洛伊德把它比喻为一匹烈性的骏马。

本我的提出和无意识一样,打开了生命的黑箱,为我们解开人类为何要爱美和审美,提供了最真实、最原始、最直接的佐证。且不说性的意义,就说其他欲望吧,食欲是维持生命存在的前提,不但是感官的享受,而且能发展为精神的享受;攻击欲不仅

---

[1] [奥地利]弗洛伊德:《自我与本我》,黄炜译,陕西师范大学出版总社,2021年版,第154、155页。

保护了生命免遭侵害,而且给生命注入了雄性和力量,崇高和壮美无不源于此;依赖欲即"抱团取暖",不但显示了生命的社会性,而且为美学意义上的情感找到了最初的依据。

其次,自我是"允许的心理表现"。

它处于人格结构的中间层,是意识的主要载体,自我遵循"现实原则",调节本我与超我之间的矛盾,既要满足本我的需求,又要制止本我的违规;既要满足自我的欲求,又要奠定超我的基础。"自我代表着被认为是理性的以及常理的事物""自我就是真实的外部世界在心理层面的代表",并且,"自我控制着能动性",[1]它是驾驭本我这匹烈马的骑手。可见,自我是人格管理的行政机构,受意识和理性的支配,尽量避免违反社会规范、道德准则和法律禁止的言行出现。

正是因为自我的存在,不但保证了身心的健康成长,而且维护了生命的社会尊严,也正是由于自我在人格结构中的中流砥柱地位,才使得人类不但创造了丰富多彩的物质文明成果,而且创造了精彩美妙的精神文明成果。如果说本我侧重感性欲求的话,那么自我就偏向理性诉求,感性与理性的结合才能形成美感的体验。李泽厚说:"美感就是内在自然的人化,它包含着两重性,一方面是感性的、直观的、非功利的;另一方面又是超感性的、理性的、具有功利性的。"[2]

最后,超我是"理想的心理愿望"。

它处于人格结构的最高层,扮演着人格目标的导向人、管理

---

[1] [奥地利]弗洛伊德:《自我与本我》,黄炜译,陕西师范大学出版总社,2021年版,第15、156、158页。

[2] 李泽厚:《美学四讲》,广西师范大学出版社,2001年版,第135页。

者,是人格抑制本我冲动、完成自我作为后企及的理想境界。他指出:"超我是一切道德限制的代表,是追求完美的冲动或人类生活的较高尚行为的主体",[①]同时,"超我会以一种良知或无意识罪恶感的形式,更严格地控制自我。"[②]可见,超我是道德化的自我,由社会规范、伦理道德和价值观念内化而来,是社会化的结果,它通过内在良心和自我理想确定道德行为和审美追求的标准,并通过良心惩罚违反道德标准的行为。

超我遵循的是"至善原则",在美学理论中,美和善没有天然的鸿沟,更多地是朝着社会的理想、生活的美好和艺术的目标携手并进。这既是中国儒家美学倡导的"美善合一"和"尽善尽美",也是弗洛伊德认为的"文明离不开美",更是马克思主义美学向往的"人类社会的进步就是对美的追求的结晶"。超我和美善一样,是一种理想的价值和美好的愿景,人类只能在追求超我的过程中企及美和善。

二、人格动力机制

弗洛伊德理解的人格,不完全是心理学意义上的,而是以心理学理论为依托,具有哲学意义的个人与世界的关系、伦理学意义的规范与欲望的平衡、美学意义的现实与理想的协调等而综合形成的由内而外、由隐而显、由暗而明的文明精神论或行为意志论的人学价值。

---

① [奥地利]弗洛伊德:《精神分析引论新编》,高觉敷译,商务印书馆,1987年版,第52页。
② [奥地利]弗洛伊德:《自我与本我》,黄炜译,陕西师范大学出版总社,2021年版,第164页。

这个由本我到自我再到超我的人格结构,绝不是学理意义上的递进过程,而是生命意义上的进步过程。有学者指出:"人格结构不是一种静态的能量系统,而是一种动态的能量系统,它一旦形成,便处于不断的运动、变化与发展之中。弗洛伊德人格结构理论的最大特点,就在于运用动力学的思想,把人类心理活动和精神活动直接还原为冲动与阻力之间的相互作用,也就是能量发泄与反能量发泄之间的相互作用。"[1]这里提出了一个理解人格动力机制的关键词:心理能量。

所谓心理能量,我们一般可以理解为本能,这是依托于身体并发源于心理的先天性和原始性的本能。弗洛伊德在《自我与本我》一书接近末尾的时候总结了本能的两种类型:性欲本能和施虐倾向。[2] 前者是他一以贯之的观点,后来改造为生本能和爱欲,后者是他逐渐形成的观点,即死本能和恨意。他进一步分析了这两种心理能量的物质基础和比例构成:"特殊的生理过程(合成代谢以及分解代谢)都与这两种本能分别存在联系。两种本能会以不均衡的比例,活跃在生命微粒中。"[3]这里令人感兴趣的是心理能量之于人格结构的意义何在呢?

首先,本我是心理能量的"储存库"。

本我有着一种本能而天然的冲击力,最典型的如求生愿望、性欲力量和饥饿感受,是人的理性意志都难于控制的力量,只要

---

[1] 黄龙保、王晓林:《人性升华——重读弗洛伊德》,四川人民出版社,1996年版,第88页。

[2] [奥地利]弗洛伊德:《自我与本我》,黄炜译,陕西师范大学出版总社,2021年版,第169页。

[3] [奥地利]弗洛伊德:《自我与本我》,黄炜译,陕西师范大学出版总社,2021年版,第170页。

有生命的存在它就相伴而行,所谓"饥寒起盗心,饱暖思淫欲",由于受到自我的直接压制和超我的间接钳制,所谓"衣食足而知荣辱,仓廪实而知礼节",这在规范和限制的过程中是非常痛苦的,但是本我又遵循着"快乐原则",特别是性的冲力,因为"生命中的喧嚣大多来自性本能",因而,"在某种意义上,性成分在性行为中的释放相似于躯体与种质分离。"① 为了维持身体和心灵的平衡和规避道德和法律的风险,只能借助于如弗洛伊德认同的梦幻、手淫和不赞同的神经病、性变态来予以缓释,而减少对自我的压力和超我的挑战。

其次,自我是心理能量的"缓冲器"。

如果说本我是能量发泄,那么自我就是反能量发泄。自我本身并不产生能量,并不意味着它没有能量,它只能借助外在的力量,如道德的向善力量、法律的除恶力量,甚至还有艺术的情感力量和美学的人文力量等,将本我的本能欲求暂时储存起来,通过做梦和手淫、性活动和性变态,甚至歇斯底里症和精神疾病等,当然更有文明提倡和认可的艺术创作与欣赏、社会公益与行善、宗教信仰与仪式等,放入心理活动和社会意识的缓冲区,进行所谓的"无害化"处理。这就是弗洛伊德论述的自我具有与内在本我和外在社会的"认同作用"。"自我有极大可能是由于认同作用形成的,认同作用代替了被本我放弃的情感投注",② 其实,自我的反性力能量发泄,本身就是一种能量。

---

① [奥地利]弗洛伊德:《自我与本我》,黄炜译,陕西师范大学出版总社,2021年版,第175页。

② [奥地利]弗洛伊德:《自我与本我》,黄炜译,陕西师范大学出版总社,2021年版,第176页。

最后，超我是心理能量的"溶解剂"。

不可否认，本我的如求生、性欲、饥饿等心理能量，不但具有破坏性质，而且容易引发死亡本能，造成人性溃败和人道灾难；但另一方面，本我又有着促进生殖、促使生存和促推文明的积极性。面对它的"双刃剑"效应，我们既不能因噎废食地全盘否定，也不能放任自流地任其疯长，在反能量发泄的过程中，自我可以缓冲，但无法消除，超我也道法有限，只能溶解，即用人类文明成果和未来发展理想的"完美原则"，予以引导和引领、改造和改良，在介于自我的现实要求和超我的理想诉求之间，趋利避害、逢凶化吉。正如弗洛伊德说的："超我是从将父亲视为榜样的认同作用中产生的，并且认同作用的性质都是非性欲的，甚至具有升华作用的性质。"[1]将本能之性溶解在艺术中，最后升华为美。

三、人格建构目标

人格不是天生的，而是后天生成的。

人格，顾名思义或许可以这样理解：人所达到的"格"——格调和格局、地位和档次、成效和境界，它追问的是一个普通的灵魂究竟能够走多远。由于人格不是对人的现实定格和愿景定格，人格是一个发展的概念，大而言之，将和社会的发展与时俱进，小而言之，会与自己的成长与日俱增。

马斯洛有"自我实现"的人格建构路径及目标，"即包括五个层次的需求：生理需求、安全需求、归属与爱的需求、尊重需求，

---

[1] ［奥地利］弗洛伊德：《自我与本我》，黄炜译，陕西师范大学出版总社，2021年版，第182—183页。

以及自我实现需求。"[1]弗洛姆评说弗洛伊德是"憎恨孤立,……不想作出一点儿妥协以减缓孤立"。因而,"他把自己的勇气视为他个性中最高尚的品质。"[2]看来,弗洛伊德身体力行地践行了他的理想人格意义,并努力实现了他的人格建构目标。

弗洛伊德的医疗实践和理论探索,告诉我们:"人们顺应和克服这些心理障碍的方法使人格的作用保持连续性与规律性,并最终形成个人的独特人格,这些方法主要是:求同作用、移置作用与升华作用。"[3]通过这些方法,我们应该如何建构科学而理想的人格目标呢?

一是,求同以建设人格生态。

在人格的三结构中,本我本着"快乐原则"处心积虑地发泄本能力量,而自我秉持"现实原则"努力将本我消灭在萌芽状态,唯有超我依仗"完美原则",暗中指挥和左右着自我向着本我施压。三种人格"各吹各的号,各唱各的调",导致现实生活中的人人格错乱而出现心理危机。由于人是群居性的社会动物,对于如何整合这三方面的力量,弗洛伊德提出了"求同"的人格建设思路。他在临床中用得最多的就是"推己及人",用自己的经历和遭遇、感受和体会,甚至分析自己做的梦,感同身受地求得最佳的治疗效果。

"爱邻犹爱己"是他一直信奉的观念。他本着人格精神的自

---

[1] [美]马斯洛:《动机与人格》,许金声译,中国人民大学出版社,2007年版,第60页。

[2] [美]埃利希·弗洛姆:《弗洛伊德的使命》,尚新建译,生活·新知·读书三联书店,1986年版,第9页。

[3] 黄龙保、王晓林:《人性升华——重读弗洛伊德》,四川人民出版社,1996年版,第93—94页。

我意识结交朋友。"如果在他身上发生了什么不幸,我朋友将感觉到的痛苦,也将是我的痛苦——我应该分担这种痛苦。"[①]看来,"爱"既有本我的性爱,也有自我的仁爱,还有超我的博爱,以此寻求人类最大的求同点,整合各种力量,建设人格生态。

二是,移置以激活人格生机。

移置是弗洛伊德用于梦境解释的概念,梦幻的产生也是内在人格分裂的表现,是本我受到自我的长久压抑而出现了心理能量的移置。说到本我压抑,包括弗洛伊德在内的人们首先想到的是释放里比多,但弗洛伊德的性欲不仅仅是指生殖器接触,而是指一种更广泛的性驱力。当通过性器官接触的本我原欲受到限制时,内在的心理活动就启动移置机制了,如亲吻、抚摸的动作和调情、爱昵的语言,当然更有文明意义的移置是外化于事业追求、伦理善行和艺术活动,如中国古人所谓的"立德立功立言"。

移置是心理能量从一个对象转移到另一个对象的过程,其结果是,本我因其合理的释放而得以延续兴旺,自我因其有了本我的加持而生机盎然,超我因其本我的冲击和自我的调节而弥漫着人间烟火。由此可见,本我原欲的恰当而合理的移置,打通了三重人格结构的壁障,激活了生命主体的人格生机。

三是,升华以企及人格生命。

文明对本我的压抑是弗洛伊德精神分析理论的出发点,首当其冲的压抑对象是本我中的原始欲望,他在精神分析学说初创时就指出:"我们可以预期出这种观点,即我们文明的许多具

---

① [奥地利]弗洛伊德:《文明及其不满》,严志军、张沫译,浙江文艺出版社,2019年版,第57页。

有很高价值的宝贵财富,都是牺牲了性欲和通过对性驱力的限制而获得的。"[1]然而,包括性欲在内的原欲又是不能不限制的,而限制不意味着隔绝和灭杀,最好的限制是纳入理性和审美的渠道,加工改造后升华至"自我实现"的境界,可以说,能否升华和升华的效果,是社会进步和个体成熟的重要标志。

升华是自我改造本我的追寻目标,而人格在本我、自我和超我的融会贯通中实现文明与生命的良性互动。在弗洛伊德看来,只有当本我、自我和超我协调一致,相对合理和动态平衡时,人才有健全的精神活动,才能有人格的正常发展。他在梦的解释中和无意识理论的探索中,初步建立了生本能与死本能的生命本体论,最终是原欲力量和自我的道德力量,乃至超我的美学力量,共同发力,形成发泄力量和反发泄力量的生态和谐,从而建构起现实与理想协调的人格生命。

第五节 梦幻的创造性

弗洛伊德在《梦的解析》里讲了一个他做的梦:

> 年轻时,由于经常工作到深夜,第二天早晨就梦到自己已经起床梳洗,不再以起不了床而焦虑,也因此能继续睡下去。

不论是夜间的梦,还是白日的梦,统称梦幻,我们应该怎样

---

[1] 车博文主编:《弗洛伊德主义原著选辑》(上卷),辽宁人民出版社,1989年版,第520页。

"解析"呢?

李商隐说"庄生晓梦迷蝴蝶",揭示了梦与世界的关系:道通为一。

柏拉图说"梦是灵魂的镜子",说明了梦与自我的纠缠:灵肉合一。

而弗洛伊德却认为"梦是愿望的满足",太符合中国人对梦的理解了:日有所思夜有所梦。其实,他真正要想告诉我们的是:梦不仅是对现实的还原或对夙愿的改变,更是对现实的审美式创造。

一、梦的来源

人们渴望"美梦成真",又害怕"噩梦缠身"。

夜晚的精神活动叫"夜间梦",白天的心理幻觉为"白日梦"。

那么,梦究竟是怎么来的呢? 生理因素:在睡眠过程中,大脑皮层部分脑细胞的活跃引发梦境;心理因素:大脑对往日的记忆进行加工和整理而导致做梦;环境因素:陌生、惊险、过分冷或热等异常的环境使大脑处于警觉状态而出现梦幻;生活习惯:不规律的作息时间和熬夜等可能导致多梦。为此,学者们总结出了随机激活理论、突发记忆理论、情感处理理论和进化心理学观点等,特别是弗洛伊德潜意识理论更是不同凡响。

为此,华东师范大学的洪丕熙教授指出:"儿童也好,成人也好,梦的素材总归是愿望,是比较赤裸的或经过乔装改扮的种种愿望的意念。"这些未能"经过乔装改变的种种愿望",无疑就是潜意识。究竟梦能让一个人的哪些"愿望的达成",我们可以以此探寻作为无意识重要载体的梦幻产生的"源头活水"。

首先,是生理本能愿望的满足。

我们都知道弗洛伊德是非常看重本能欲望在人类生命构成中所发挥的作用的。一定意义上,可以说离开了里比多的存在就没有生命的价值,也就没有精神分析学说的存在,更没有生命美学的意义了;但是,包括性力在内的原欲又是随时受制于社会文明、伦理道德和现实条件的,于是只能借助于梦幻来替代性实现这些羞于启齿和不便直说的愿望。他说:"引起这些梦的愿望一般都是强烈的生理需要,如饥饿、干渴和性冲动等,而对这些愿望的满足便是对这些生理刺激的反应。"①就像饥饿的人,最容易梦见食物,比如安徒生的童话《卖火柴的小女孩》,由于极度的饥饿,小女孩梦见了很多食物和水果,"她用手去抓那只烧鸡,然而抓到的是一堵又大又冷的墙。"

其次,是心理情感愿望的投射。

人不仅是生物意义上的生命,而且是精神意义上的生命,这其中就包括朋友之谊、恋人之爱,也还有悲伤和哀怨、憎恶和不满等复杂的情感,可见人是审美意义上喜怒哀乐的情感性存在。弗洛伊德经常遇见歇斯底里症、神经错乱症和失恋、惊恐等病人,大量的临床经验,使得他清醒地认识到:"梦并不都是美好的满足愿望的梦,人们也会做焦躁的梦,痛心的梦,平淡的梦,甚至噩梦。"②如最亲的家人去世了,常常会在梦里再生,白天遇见了恐怖的事情,晚上就会做噩梦。汤显祖《牡丹亭》里面的少女杜丽娘就是因情生梦,又因梦而死和托梦再生的经典,这是由于杜

---

① [奥地利]弗洛伊德:《弗洛伊德精选集》,李娅译,中华工商联合出版社,2020年版,第84页。
② [奥地利]弗洛伊德:《弗洛伊德精选集》,李娅译,中华工商联合出版社,2020年版,第83页。

丽娘长期受到了封建礼教对她成长生命的压迫、萌动青春的规训,严重地束缚了她那一颗少女的自由心灵。

最后,是社会理想愿望的寄托。

由于人在本质上是社会性的高等动物,除了个体的生存和发展需求外,还有对社会的进步和文明的愿望。尤其是动荡的年代最容易产生向往美好生活的梦,所谓太平梦、幸福梦。弗洛伊德自己就是一个追求和平、谴责战争的学者,他给我们讲述了一个有很高教养且有很大名望的女士的"梦":那是在第一次世界大战时,这位女士来到医院,请求见到院长,尽管表达得含蓄,但意识还是很清楚的,就是愿意用自己的身体为前线军人服务。的确,这个梦看似荒诞,但里面除了梦因社会意识而产生干扰机制外,深层次地反映了包括这位女士在内的我们所有人意识中的尽其所能的社会责任的愿望。以此说明"梦的改造实质上是一种自我认可的倾向",[①]尽管这里的"改造"是契合她的性意识。

总之,根据马斯洛的"需要层次论",梦幻依次源于生理本能、心理情感、社会理想,既是一次惊险而传奇的"寻梦之旅",也是一场浪漫而真实的"人生如梦"。这些似乎都在告诉我们:"梦"不一定都是虚幻而无聊的,而是真实而有意味的;"美"不一定全能在现实的土壤尽情绽放,还要在虚拟的梦幻王国悄然盛开。总之,他有关梦幻的深刻洞见为美学,尤其是生命美学的建构,开掘出了一块神奇而浪漫的"新大陆"。

---

① [奥地利]弗洛伊德:《弗洛伊德精选集》,李娅译,中华工商联合出版社,2020年版,第88页。

二、梦的实质

梦的呈现光怪陆离而变化莫测,但学者们都在思考梦是否有一个形而上的不变的本质。我们只看看和弗洛伊德同时代的德国心理学家的理解吧,希尔德布朗认为是过往经历的回忆,阿德勒认为是心理的自我欺骗,荣格认为是未加修饰的自然真相,弗洛伊德认为是被压抑的本能愿望的虚幻满足,学术界的弗洛伊德研究也普遍认同他的这个观点。

那么梦的实质究竟是什么呢?其实,弗洛伊德除了"愿望满足说"外,还有其他说法,如"连接说":"梦应该可以成为由某种病态意念溯至昔日回忆间的桥梁。"[1]"象征说":"梦的元素本身就是梦的隐意的象征。"[2]虽然弗洛伊德的梦释理论丰富而繁芜,但还有一个说法值得我们关注和思考,那就是"改造说"。由于做梦和文学创造有很多相似之处,因此,弗洛伊德通过二者关系的阐述,也说明了梦幻的实质,"许多文学作品都是根据白日梦加工而成的,不少作家都喜欢将自己做过的白日梦进行改编、增删以及二次创造。"[3]此外,他还在《梦的解析》中多次谈到这个话题,如,"我们的梦境是一个虚幻的世界,它只是一些被改造过的元素的组合",[4]"梦的改造实质上是一种自我认

---

[1] 转引自高宣扬:《弗洛伊德传》,作家出版社,1986年版,第104页。
[2] [奥地利]弗洛伊德:《弗洛伊德精选集》,李娅译,中华工商联合出版社,2020年版,第97页。
[3] [奥地利]弗洛伊德:《弗洛伊德精选集》,李娅译,中华工商联合出版社,2020年版,第60页。
[4] [奥地利]弗洛伊德:《弗洛伊德精选集》,李娅译,中华工商联合出版社,2020年版,第72页。

可的倾向",[1]"梦的主要性质便是将意识的或潜意识的思想改造为梦境中的影像。"[2]因此,我们认为梦的实质具有生命存在及其内容的改造性质。不过还得指出这种改造,虽然于事无补,也没有更改生活的真相和人生的真实,但非常符合他的文明压抑说而形成的生命深处的潜意识构造理论。

那么,它大约能进行哪些改造呢?

首先,改写内心的真话。

由于文明的禁忌,我们有很多真实的想法或要想说出的真话,都被抑制住了,不仅不能说出内心的真话和真实的看法,反而只能曲意逢迎或委曲求全、口是心非、虚情假意,甚至颠倒是非,指鹿为马,生活在面具人格的阴影下。于是借助"梦话"来达到改写内心的真话之目的。弗洛伊德举例说一个男人在新婚之夜发现妻子已经不是处女了,但又不便直接说出来,有天晚上在梦中说了句似乎是无厘头的话:"我发现房门开过了。"用这种比喻的方式,改写了真正想说的内容,既维持了婚姻的稳定,也释放了焦虑的情绪。

其次,改造本我的真相。

在弗洛伊德的人格三个层次中,超我属于理想的文化状态,是我们努力追求的美好愿望。超我的另一极本我属于原欲的自然状态,是受社会伦理道德打压的对象,常常借助梦幻以反抗文明的规范。而处于中间的自我就要发挥"梦的检查作用",将本

---

[1] [奥地利]弗洛伊德:《弗洛伊德精选集》,李娅译,中华工商联合出版社,2020年版,第88页。
[2] [奥地利]弗洛伊德:《弗洛伊德精选集》,李娅译,中华工商联合出版社,2020年版,第144页。

我的真相予以改造，而得以在梦中出现，并能向他人说出来。"梦中隐藏的或以呢喃之声替换的话，也是一种检查作用的牺牲品。"[1]即将做梦人的真实动机在"梦中隐藏"，醒后做梦人讲述时之所以是"呢喃之声"，说明都是梦幻改造了本我的真相，使之更符合超我的价值。

最后，改善生活的真实。

为了维持心理的平衡和保持健康的心理，就得借助梦幻来减压或释放；为了实现达成愿望的满足和焦虑的排除，就要通过释梦来回到正常的生活。弗洛伊德几十年如一日地坚持门诊，治愈或减缓了不少患者的心理疾病，帮助他们摆脱了被病魔折磨的人生，改变了患者生活的真实处境和苦痛。他讲述了一个患者因为牙病，医生取出了牙齿内残留的坏死神经，后来这个人做了一个奇怪的梦：去世多年的父亲的坟墓被掘开了，父亲居然从墓穴中走出来了。经过弗洛伊德的释梦，这个人走出了心理的阴影。

梦不是真实的，但也不完全是虚幻的，诚然它不能改变现实，但它能改写真话、改造真相、改善真实。那就让患病的身体和焦虑的心态、艰难的生活和困厄的人生——"有病"的我们，做一次"黄粱美梦"吧，或许这就是梦幻的美学价值之所在。

三、梦的意义

一般心理学理论告诉我们梦有这些意义：调节情绪、整合记忆、激活创造、认知自我。

虽然弗洛伊德的理论为人们理解梦提供了新的"思维导

---

[1] ［奥地利］弗洛伊德：《弗洛伊德精选集》，李娅译，中华工商联合出版社，2020年版，第89页。

图",也留下了筚路蓝缕的"前卫遗憾",对梦的科学认知依然是"盲人摸象",但我们对他的这句话还是不能掉以轻心:"任何一个人都不应该忽视所做的梦,认为它没有价值。根据我的研究,人们所做的梦,不论是幸福的,还是悲惨的,它经常会在醒后还持续影响着人们的情绪,有时会长达一天。"[①]正如黑格尔说的"凡是存在的都是符合理性的",也是中国古人认为的"天生一物必有一用"。那么,弗洛伊德的"释梦"见解,对我们的生命或生命美学有哪些启发意义呢?

一是,复杂经历的凝缩。生活是每个人每天都要经历的,但梦不一定是每天都要做的。很多人在入睡前要回忆经历的往事、浮现近期的大事、总结当日的做事,这些都会进入梦里。弗洛伊德说:"梦是一种被人们无法控制的心理活动存在于睡眠中的产物。"[②]待入眠后梦中呈现出那些杂乱无章的情景背后是长期而复杂经历的浓缩。由于梦具有的情感因素,而情感又是来源于经历,因此,"在现实生活中所具有的情感,在梦中都会有。"[③]说明梦背后的意义非常丰富且冗长,睡眠的时间有限,再加之做梦的时间也有限,片段而零碎的梦幻背后就蕴藏着海量的信息。

二是,言此意彼的替代。由于梦境和真实生活有很强的相似性,因此往往在生活中有意掩饰或回避的事情或语言,在梦中

---

① [奥地利]弗洛伊德:《弗洛伊德精选集》,李娅译,中华工商联合出版社,2020年版,第49页。

② [奥地利]弗洛伊德:《弗洛伊德精选集》,李娅译,中华工商联合出版社,2020年版,第52页。

③ [奥地利]弗洛伊德:《弗洛伊德精选集》,李娅译,中华工商联合出版社,2020年版,第54页。

也会把真实的意图隐藏起来,而用一个"替身"来代替"真身"。弗洛伊德说:"所谓的梦也就是某些潜意识事物的替代物,而我们对于梦的解释就是要发现这些潜意识的事物。"①他举一个人做的梦为例:一家人围坐在一张奇特的大桌周围,这个人联想到朋友家中也有这样的桌子,接着由想到了那位朋友和父亲的奇特关系,又说自己与父亲的关系也很奇特,"由此可见,梦中的桌子替代的就是他们之间的相似之处。"②

三是,转移真相的表现。梦的材料源于白天,但是白天无法给梦境腾出一个"温床",意识清醒的状态下那些奇怪的意念受到排斥,遭到鄙视,但是在晚上的梦境里,显意识下班了,前意识松懈了,饱受压抑的人就会将内心的无意识欲望发泄出来。弗洛伊德分析了一个儿童的梦,一个小朋友很不情愿将自己的樱桃送给另一个过生日的同伴,第二天早上他说梦见赫尔曼吃光了所有的樱桃。说明:"梦不仅使这种愿望得以表现,并借助幻象的方式,使他能得到满足。"③或许我们的言谈会言不由衷,但没有意识约束的梦是不会说假话的,特别是儿童的梦幻。

四是,微言大义的象征。梦幻和象征都是较为抽象和朦胧的精神现象,但它们和文学的修辞有着异曲同工之妙。弗洛伊德认为梦中的象征与童话和文学典故中的象征类似,因而梦中的符号具有特定的象征意义,如梦见了落水,又被人救出来,"象

---

① [奥地利]弗洛伊德:《弗洛伊德精选集》,李娅译,中华工商联合出版社,2020年版,第71页。
② [奥地利]弗洛伊德:《弗洛伊德精选集》,李娅译,中华工商联合出版社,2020年版,第75页。
③ [奥地利]弗洛伊德:《弗洛伊德精选集》,李娅译,中华工商联合出版社,2020年版,第82页。

征着生命的诞生或者母子亲密的关系"。[①] 他还指出在梦中男女的生殖器多半用这些物象来分别呈现：匕首、长剑、军刀、步枪、炮筒等，穴、坑、瓶、罐，各种盒子、衣柜、口袋等。他揭示出了"象征的关系实则是一种非常特殊的比拟"。[②] 其实并不特殊，它遵循的依然是生活—梦幻、形象—抽象的思维定律。

此外，还有转移注意、修饰过程和校正效果等意义。

弗洛伊德认为，释梦就意味着寻求一种隐匿的意义——生命意义，只不过是在虚幻的场景中完成的"自我实现"。可见，弗洛伊德建立在精神分析意义上的生命美学，不但着眼于现实世界的真实人生，而且深入到虚幻梦境的模拟人生，更是折射出意愿想象的理想人生，极大地拓展了生命存在的领域，也创造性地开辟了美学的新天地。

真如苏东坡所言："人生如梦，一尊还酹江月。"又如柏拉图说的："人们只是在梦中生活，唯有哲人挣扎着要觉醒过来。"

---

① ［奥地利］弗洛伊德：《弗洛伊德精选集》，李娅译，中华工商联合出版社，2020年版，第99页。
② ［奥地利］弗洛伊德：《弗洛伊德精选集》，李娅译，中华工商联合出版社，2020年版，第99页。

下篇：论美文选解说

第一章 重建艺术之都

　　艺术是一个习惯被接受的现实，在这个现实中——感谢艺术家的想象——象征和替代能够唤起真正的情感。①
　　　　　　　　　　　　　　　　　　　　　　　——弗洛伊德

艺术的发源地是无意识，还有白日梦幻；创作的原动力是里比多，进而恋母妒父；伟大的艺术家是神经病，甚至恶魔罪犯……

　　这近乎奇谈怪论，更像打胡乱说，这就是弗洛伊德，将我们熟悉的艺术之都变成了一座魔鬼之城。

　　诚然，艺术神圣壮丽又神秘浪漫，但本质上是人与世界关系的不同理解。

　　歌德用"完整体"呈现人与世界的关系："艺术要通过一个完整体向世界说话。"②

---

① ［奥地利］弗洛伊德：《弗洛伊德论美文选》，张唤民、陈伟奇译，知识出版社，1987年版，第140页。
② 北京大学哲学系美学教研室编：《西方美学家论美和美感》，商务印书馆，1982年版，第174页。

弗洛伊德用"白日梦"虚拟人与世界的存在:"作家使我们从作品中享受到我们自己的白日梦。"[1]尽管他主观上无意为艺术立法,但客观上将自亚里士多德以来的艺术是世界的"模仿"的理论彻底推翻。

第一节 剖析"变态人物"

文学艺术应该塑造正面、积极和向上的人物形象,似乎是一个不刊之论。

文学艺术也要塑造反面、消极和落后的人物形象,的确是一个不辩之理。

颇感意外的是,弗洛伊德却提出了一个"精神变态人物"的概念:"戏剧描绘斗争中的,甚至(怀着受虐狂的满足)失败中的英雄。"[2]他的"变态"不是人物性格的变异,而是观众接受的心态,因为观众来到剧场欣赏"戏剧的目的在于打开我们感情生活中快乐和享受的源泉",[3]凡是不符合这个目的的戏剧塑造的人物,他都视之为"变态人物"。

这个界定,与其说是在论证精神分析学,不如说是在丰富艺术生命论。

---

[1] [奥地利]弗洛伊德:《弗洛伊德论美文选》,张唤民、陈伟奇译,知识出版社,1987年版,第37页。

[2] [奥地利]弗洛伊德:《弗洛伊德论美文选》,张唤民、陈伟奇译,知识出版社,1987年版,第22页。

[3] [奥地利]弗洛伊德:《弗洛伊德论美文选》,张唤民、陈伟奇译,知识出版社,1987年版,第20页。

一、戏剧概念

理解一个概念的最好方式是先分种类,再看内涵。

由于戏剧的种类繁多,因此对其分类角度不同,结论径庭有别。从风格看,有悲剧、喜剧和正剧等;从时期看,有古典主义、浪漫主义、现代主义等;从题材看,有儿童剧、历史剧、农村剧等;从表演看,有话剧、歌剧、舞剧等。当然,每种戏剧的内涵,是多个因素的综合,如莎士比亚的《哈姆雷特》就是古典主义话剧的历史类悲剧。

在《弗洛伊德论美文选》的《戏剧中的精神变态人物》中,先后提出过宗教剧、社会剧、人物剧等,但并未对此阐释,只是对悲剧和心理剧作出了阐发。

首先是如何理解"悲剧"。

文章开篇是从亚里士多德的悲剧定义起笔的,"悲剧是对于一个严肃、完整、有一定长度的行动的模仿;……借引起怜悯与恐惧来使这种情感得到陶冶。"[1]抓住"恐惧和怜悯""净化情感"这两个关键点来展开他对戏剧的理解,具体到悲剧,谈了三个理解。一是,风格上悲剧是属于"严肃剧"。它的主角是"失败中的英雄",与"是否激起了人们的关切之情"无关,它起源于"山羊节",这属于古希腊最早的悲剧类型。二是,主题上悲剧是属于"反叛剧","在这种反叛中,剧作家和观众都站在叛乱者的一边。"就像俄狄浦斯一样,挑战神谕,杀父娶母,虽然神谕应验而他失败了,但虽败犹荣。三是,角色上悲剧是属于"人物的悲

---

[1] 北京大学哲学系美学教研室编:《西方美学家论美和美感》,商务印书馆,1982年版,第42页。

剧",因为"悲剧最好在杰出的人物之中展现出来,这些人物超脱了人类制度的羁绊"。[①] 弗洛伊德举例最多的两个悲剧人物:俄狄浦斯和哈姆雷特都是戏剧杰出人物的代表,一个是不相信命运神话般的英雄,一个是有人文理想的现实中的英雄。

结合《弗洛伊德论美文选》里的第一篇文章《〈俄狄浦斯王〉与〈哈姆雷特〉》来看,就我们通常或传统的理解,这两个悲剧都是艺术的经典和戏剧的杰作,歌颂的都是人类至高无上的理性精神,都是英雄人物拼尽全力来反抗命运而不幸败亡。一定意义上,他们都是"生(生世)的伟大,死(死灭)的崇高"的人物,不但是文学的正面典型,而且是文明的杰出楷模。为何弗洛伊德要说他们是"精神变态人物"呢?这里就顺势引出这篇文章有关戏剧的第二个非常重要的概念。

其次是如何理解"心理剧"。

通常意义的心理剧并不一定属于舞台艺术,而是一种临床医疗方式,让被治疗者通过音乐、绘画和游戏等活动,体验自己的思想、情绪、梦境以及人际关系,进而探索、释放、觉察和分享内在自我的意念与意志、认知与认理、情感与情绪等,促使患者心理淤塞得以发泄从而达到治疗效果的戏剧。

弗洛伊德所谓的"心理剧"不是医学意义上的治疗手段,而是在前面悲剧基础上延伸出来的概念,是基于悲剧"苦难的情节""以斗争的方式得到展开",关键是如何展开?通常是通过人物的行动在特定的时空背景下由开端、发展到高潮,最后结尾。而他关注的是人物内心冲突,引起的痛苦和悲悯的情绪,如俄狄

---

① [奥地利]弗洛伊德:《弗洛伊德论美文选》,张唤民、陈伟奇译,知识出版社,1987年版,第23页。

浦斯得知真相后,决意刺瞎双眼,离开王宫,流浪远方,他对舅舅克瑞翁说道:"我是一个罪该万死的人,这个国家就暂时交给你了,等我的儿子长大后你再交给他们,而我自己,就请把我流放到世界上最荒凉的地方,让我用余生来赎罪。"对此,弗洛伊德分析说:"这里,造成痛苦的斗争是在主角的心灵中进行着,这是一个不同冲动之间的斗争,这个斗争的结束决不是主角的消逝,而是他的一个冲动的消逝;这就是说,斗争必须在否定中结束。"①

从心理剧的角度看《俄狄浦斯王》具有这样几个特点:一是,关注点由广义冲突到狭义冲突,通常我们更在乎这个悲剧中人与神的关系,即人抗拒不了神谕,而现在我们更看重人与人的关系,即主人公与他父母和后任妻子,俄狄浦斯的杀父娶母行为。二是,关注点由外部冲突到内心冲突,冲突由主人公与荒野环境和国内灾难的矛盾转到他与自己命中注定无知的茫然和得知真相后挣扎的痛苦,他的捶胸顿足、撕心裂肺是内心情感的自然发泄,必然给观众带来怜悯与恐惧。三是,关注点由命运悲剧到爱情悲剧的转化。弗洛伊德把这出悲剧又理解为"爱情悲剧",这个内部冲突表现了"被社会文化、人类习俗或'爱与责任'之间的斗争所压抑的爱"。② 他的杀父娶母是人类文明和社会伦理明显反对的,而他又是神眷顾的"弃子"、万民拥戴的"父王"和王后眼中的丈夫、儿女心中的慈父,这些大爱使他的责任更重,而他的执着最终又会走向失败。由是导致观众极度的不愉快,就像

---

① [奥地利]弗洛伊德:《弗洛伊德论美文选》,张唤民、陈伟奇译,知识出版社,1987年版,第24页。

② [奥地利]弗洛伊德:《弗洛伊德论美文选》,张唤民、陈伟奇译,知识出版社,1987年版,第24页。

弗洛伊德一直强调的"戏剧通过这痛苦的磨难,许诺给观众以快乐"。① 而现在适得其反,"心理剧变成了精神病理剧了。"

最后是如何理解"精神病理剧"。

这个概念是沿用他的精神分析学而自己创造的一个非戏剧种类的概念。尽管"心理""精神"这两个概念在他那里经常可以通用,但仔细分析,还是有区别的。心理是大脑对客观世界的直接反应,形态感知,知觉、表象、记忆、思维、情感、意志都属于心理要素。心理也泛指人的意识、思想、情感的表现。精神是指人的意识表现和思维活动,包括认知、信仰、理念等。后者大于前者,心理是精神的表现和依附,而精神是心理的提炼和凝聚。

弗洛伊德借助戏剧艺术,是如何将人的一种心理现象上升为人类的一类精神现象的呢?

他是如何引出这个概念的,由于文明的、世俗的、剧场的,乃至个人经历等"压抑"的存在,原本是期望在观剧中获得释放和发泄、净化和升华的快乐不在了,反而是恐惧与痛苦愈来愈烈,进而产生出了新的冲突,即"意识冲动与被压抑冲动之间的冲突时,心理剧就变成了精神病理剧了"。② 这里的"意识冲动"是本能的原欲冲动,"被压抑冲动"是后天的责任和爱心一类的冲动。观众一方面积蓄着大量的自然的情欲,期望通过观剧得以释放;另一方面又被剧情引发出新的社会意识,期望通过戏剧的情节和主题得以寄托。现在观众处于既不能释放原欲,又不能升华

---

① [奥地利]弗洛伊德:《弗洛伊德论美文选》,张唤民、陈伟奇译,知识出版社,1987年版,第22页。

② [奥地利]弗洛伊德:《弗洛伊德论美文选》,张唤民、陈伟奇译,知识出版社,1987年版,第24页。

情感的两难境况,从而诱发出观众的"精神病理"。当然,观众要快乐的条件只有一个,"这里,快乐的先决条件是观众必须自己就是神经官能症患者,因为只有这样的人才能从对被压抑的冲动的揭示和或多或少有意识的认识中获得快乐,而不是报以纯粹的厌恶。"[①]想必绝大多数的观众不是神经官能症或不会患上此病的,而弗洛伊德长期患有神经官能症,或许他能够从中找到发泄的快乐。

那么,这种压抑和反压抑的斗争又会发生在谁身上呢?他深有体会地说:"只有在神经病患者身上这类斗争才能发生,并且构成戏剧的主题。"[②]他以《哈姆雷特》为例,说明了如何"由正常人变成了神经病患者,就是说,在这个人身上,一直被成功地压抑着的冲动,正努力要变成行动"。[③] 主人公开始并不是患者,而是随着剧情的发展渐渐成了精神变态者,俄狄浦斯也是如此的。

这就是"精神变态人物"的由来和含义,着实令人恍然大悟。由此可见,几乎所有的悲剧都是心理剧,也是精神病理剧。因为作家揭示了剧中人物的心路历程(由正常到变态),解剖他们的性格演变(由顺和到暴戾),展现了他们的情绪变化(由愉快到痛苦)。一言以蔽之曰:他们违反了"戏剧的目的在于打开我们感

---

① [奥地利]弗洛伊德:《弗洛伊德论美文选》,张唤民、陈伟奇译,知识出版社,1987年版,第24页。

② [奥地利]弗洛伊德:《弗洛伊德论美文选》,张唤民、陈伟奇译,知识出版社,1987年版,第24页。

③ [奥地利]弗洛伊德:《弗洛伊德论美文选》,张唤民、陈伟奇译,知识出版社,1987年版,第24—25页。

情生活中快乐和享受的源泉"①的艺术美学标准。

二、先决条件

弗洛伊德这篇《戏剧中的精神变态人物》,与其说是要讨论戏剧艺术,不如说是在说明生活现实;与其说是要探讨悲剧主角的含义,不如说是在思考现场观众的意义;与其说是要论述"精神变态人物",不如说是在阐述"精神分析理论"。质言之,这是一篇分析作者、演员和观众三者关系的戏剧美学文章。

其中最关键的就是作为艺术形式的戏剧,剧情的变化、演员的表演和观众的感受如何协调一致,必须解决他提出的三个"先决条件"。

第一个是要在表演中给观众带来快乐。

说起来好说,做起来不容易啊,因为我们现在讨论的是悲剧,如果是喜剧,不用说,观众的开怀大笑就是戏剧的艺术成功,而悲剧则不一样了,舞台上的呼号和惨叫、鲜血和眼泪,乃至尸横遍野,无不使得现场的观众犹如置身地狱、历经死亡和饱尝悲伤,进而产生如亚里士多德说的"恐惧和怜悯"的痛苦。所以弗洛伊德说:"戏剧艺术的第一个先决条件:戏剧不应该造成观众的痛苦,戏剧应该知道如何用它所包含的可能的快感来补偿观众心中产生的痛苦和怜悯。"②于是,悲剧就面临一个如何处理表演的苦难和接受的快乐之间的天然矛盾。

---

① [奥地利]弗洛伊德:《弗洛伊德论美文选》,张唤民、陈伟奇译,知识出版社,1987年版,第20页。

② [奥地利]弗洛伊德:《弗洛伊德论美文选》,张唤民、陈伟奇译,知识出版社,1987年版,第22页。

首先,正确理解戏剧与生活的关系。

"生活大舞台,舞台小生活"。戏剧毕竟不是生活的真实模拟,观众来到剧场是期待在虚拟的场景中感受一段真实的经历,不是自讨苦吃的,而是来享受表演艺术和形式审美的快乐的。由于戏剧与生活的天然鸿沟,戏剧可以重复若干次人生,而观众只有一次生命,因此观众的"快乐建立在幻觉上",演出"毕竟只是一个游戏,这个游戏对他个人的安全不会造成什么危害"。[1]

其次,辩证转换失败与成功的位置。

"戏如人生,人生如戏"。悲剧的主角都会因生不逢时而遭受失败,所谓"失败中的英雄",他的使命使他不能苟且偷生地活着,而是要反抗如上帝般神圣的强权和制度。每当看到英雄人物饮恨败北,但"我们获得一种与普罗米修斯的心情类似的情绪"并"让自己被暂时的满足所安慰"[2]。悲剧人物失败了,观众也痛苦了,但这是一种"痛并快乐着"的复合式美学体验,最终我们都成功了。

最后,努力实现身体与精神的和谐。

"人同此身,身有同感"。痛苦和快乐都指陈着人的身体和精神两大领域,作为医生和学者的弗洛伊德比我们更清楚这两者的关系:"没有人需要肉体的痛苦,人们知道,肉体上有了痛苦,身体感觉会发生变化,所有的精神快乐马上化为乌有了。"[3]

---

[1] [奥地利]弗洛伊德:《弗洛伊德论美文选》,张唤民、陈伟奇译,知识出版社,1987年版,第21页。

[2] [奥地利]弗洛伊德:《弗洛伊德论美文选》,张唤民、陈伟奇译,知识出版社,1987年版,第22页。

[3] [奥地利]弗洛伊德:《弗洛伊德论美文选》,张唤民、陈伟奇译,知识出版社,1987年版,第22页。

悲剧尽管没有肉体的痛苦,但必然伴有精神的痛苦,作家和观众之所以青睐悲剧,就是通过"这种'幻想游戏'甚至纵容我们从我们自己的痛苦中获得快乐"。① 弗洛伊德指出身体有病的人不能成为主角,因为他心目中的角色是"精神变态的人物"。

第二个是要在事件中体现主人公意志。

亚里士多德也明确指出悲剧是要"有一定长度的行动",时间性因素是一切叙事文学的基本要素,否则故事就不能完整讲述,情节也无法生动展开,人物更不能全面塑造。弗洛伊德以索福克勒斯的《埃杰克斯》和《菲罗台特》为例,阐述道:"它必须包含了冲突的事件,并且还必须包含着抵抗与意志的努力。这也就是戏剧的第二个先决条件。"② 如果没有冲突就不足以彰显悲剧,如果没有人物就不能够表现意志,这在他着力分析的《俄狄浦斯王》和《哈姆雷特》中已得到说明。

这里他提到的索福克勒斯的两部悲剧是如何体现的呢?

《埃杰克斯》的主人公埃杰克斯是希腊联军中最勇敢的战士之一,在特洛伊战争结束后,因未能完成夺回战旗的任务而感到极大的心理压力和自责,他开始怀疑自己的价值和存在的意义,最终在精神崩溃中自杀。该剧通过埃杰克斯的故事,探讨了英雄主义、个人命运所隐含并象征的人类在面对失败和绝望时的心理状态。《菲罗台特》又译《菲洛克忒忒斯》,在特洛伊战争期间,弓箭手菲洛克忒忒斯被蛇咬伤,被遗弃在一个孤岛上,他要

---

① [奥地利]弗洛伊德:《弗洛伊德论美文选》,张唤民、陈伟奇译,知识出版社,1987年版,第22页。
② [奥地利]弗洛伊德:《弗洛伊德论美文选》,张唤民、陈伟奇译,知识出版社,1987年版,第23页。

忍受剧烈的伤痛和孤独的煎熬,求死不得,最终被说服回到前线。该剧塑造了一个充满痛苦但又充满"强烈的人性"的英雄人物。这两部剧的主人公都应视为弗洛伊德眼中的"精神变态人物"。

这两个悲剧已经没有《俄狄浦斯王》里面的"神谕"了,而更多的是个人与自己、个人与他人的冲突,由于这些人物具有"变态"特征,因此在悲剧事件的冲突过程中要战胜的最大困难有两个:"疾病"和"环境"。弗洛伊德说道:"精神痛苦主要与产生的痛苦的环境有关;因此,戏剧在处理痛苦时需要某种事件,疾病就作为一种事件而出现,随着这个事件的展开,剧情也得到了发展。"[①]如埃杰克斯患上了抑郁症,菲罗台特不幸被毒蛇咬了,这就导致他们命运的陡然改变;雪上加霜的是,此时的外部环境也变得十分不友好,埃杰克斯遇上了战争结束,这个社会环境,意味着英雄已无用武之地,菲罗台特被抛弃荒岛,这是恶劣的自然环境。尽管这样,但这两位英雄都依然抵抗着个人内心的痛苦,并与外在的环境作斗争,由是,弗洛伊德认识到了,这些古希腊的命运悲剧具有了19世纪易卜生社会悲剧的意义。

第三个是要在冲动中转移观众注意力。

不仅是受戏剧演出时限的规定,而且是出于对观众接受心理的考量,再精彩的戏剧总是要落幕的,再激烈的悲剧也是要结束的。深谙戏剧奥妙的弗洛伊德深知悲剧所表现的"这个斗争的结束决不是主角的消逝,而是他的一个冲动的消逝;这就是

---

① [奥地利]弗洛伊德:《弗洛伊德论美文选》,张唤民、陈伟奇译,知识出版社,1987年版,第23页。

说,斗争必须在否定中结束"。[①]编剧是深知戏剧矛盾的起承转合的,他必须考虑观众的接受时间和承受心理,随着主角表演结束的内在因素也罢、戏剧冲动消逝的外在环境也罢,戏剧就该落幕了,毕竟这样的"变态人物"是不宜长久待在舞台上的,观众的恐惧心理也是必须转移的。

他以《哈姆雷特》为例阐述这个作为戏剧的"先决条件"。

莎士比亚是善于制造奇特剧情和营造恐怖场景的大师,戏剧开场就是守夜人马西勒斯在夜晚巡视时目睹了已故国王的亡灵,鬼魂向王子揭示了他的父亲被毒杀的真相,并要求哈姆雷特为他报仇。在经历了无数的延宕、焦虑、煎熬后,迎来了尸横舞台的结局:王子在决斗中死去,雷欧提斯在决斗中也被毒剑击中而亡,克劳狄斯误饮毒酒后也死亡,恋人奥菲利亚因为父亲的死亡和精神崩溃而发疯,最终溺水身亡。

观众和剧中人物一样,经历了三个小时的紧张、纠结、痛苦。一切终于"结束"了,结局既不是"大团圆"的欢欣,也不是"未来式"的期待,而是在陈尸遍野后走向死寂。这对观众的心理将产生什么样的刺激和影响呢?弗洛伊德分析说:"随着观众注意力的转移,观众的心中也经历了与戏剧人物同样的过程。"[②]观众和主角哈姆雷特一样渴望早日揭开真相,一报父仇,然而不论是生活还是戏剧,这都需要在时间中进行并完成,是有一个过程的,当然这个过程是漫长的,唯有恰到好处地适时转移,才不会

---

① [奥地利]弗洛伊德:《弗洛伊德论美文选》,张唤民、陈伟奇译,知识出版社,1987年版,第24页。

② [奥地利]弗洛伊德:《弗洛伊德论美文选》,张唤民、陈伟奇译,知识出版社,1987年版,第25页。

让观众也成为剧中一样的"精神变态人物"。

他结合精神分析理论,进一步证明了:"就像在精神分析治疗中,我们发现,随着对压抑的即使是一个较弱的抵抗,……《哈姆雷特》中如此严密地隐藏着的冲突毕竟是留给我们去揭露的东西。"[1]当然,作为一部世界级名剧,"一千个观众就有一千个哈姆雷特",隐藏着无数个有待破解的秘密,但就弗洛伊德所涉及的问题看,不能给观众带来快乐的东西,即使无法消除,也得尽快转移,因为"精神变态人物"不仅是精神分析疗救的对象,而且是生命美学理论实践的案例。

三、美学意义

如何看待俄狄浦斯和哈姆雷特,有着两个截然不同的说法,说他们是生活世界的正常人物,早已成为艺术理论的老生常谈,说他们是精神世界的变态人物,只有弗洛伊德敢标新立异。如果说前者是从历史唯物主义的视角得出的通论,那么后者就是从精神分析美学的深度看出的奇妙。就思考人的生命存在及其意义而言,精神分析美学是可以纳入生命美学阵营的,于是这两个具有深广而丰富内涵的艺术典型形象,经过弗洛伊德的创造性阐发,为美学尤其是生命美学的发展提供了全新的样本,注入了新鲜的活力,开拓了异样的领域。

其丰富而独特的美学,表现在这几个方面。

其一,揭示了爱恨交加是生命的本能。

爱与恨是生命能量强大而强烈的两个本能性的两极,在此

---

[1] [奥地利]弗洛伊德:《弗洛伊德论美文选》,张唤民、陈伟奇译,知识出版社,1987年版,第25页。

消彼长和彼此转换中,演绎出了多少情感世界的喜怒哀乐,呈现出了无数人类生命的悲欢离合。就在我们早已习以为常地将爱与恨划定在情感与精神、伦理与道德的范畴之内时,弗洛伊德却石破天惊地将二者置于儿女对父母的血缘亲情之中,他通过对《俄狄浦斯王》和《俄瑞斯忒斯》两部古希腊悲剧的解读,从中分别发现了男孩的"俄狄浦斯情结",又叫"恋母情结",女孩的"厄勒克特拉情结",又叫"恋父情结"。他在《〈俄狄浦斯王〉与〈哈姆雷特〉》里指出:"在所有后来变为精神神经病患者的儿童的精神生活中,他们的父母起了主要作用。爱双亲中的一个而恨另一个。"[1]

在《弗洛伊德论美文选》里只涉及到了"恋母情结",即"弑父娶母",这主要是通过俄狄浦斯来体现的。在他快要出生时神警告他的父母说,这个孩子以后要犯下天理不容的罪恶:杀死自己的父亲而娶回自己的母亲,即恨父亲而爱母亲。这本是借神的意志表达对远古群婚遗俗的禁忌,而弗洛伊德却从性本能的角度认为:"也许我们所有的人都命中注定要把我们的第一个性冲动指向母亲,而把我们第一个仇恨和屠杀的愿望指向父亲。"[2]这是弗洛伊德从这出著名的悲剧中发现的"新大陆",是否具有普遍性和可以推而广之,我们暂且不论,但它揭示了人类生命中最原始而单纯、最强烈而持久的力量,与其说它是"性力秘密",不如说是"生命奥秘":爱与恨是生命的本能。

---

[1] [奥地利]弗洛伊德:《弗洛伊德论美文选》,张唤民、陈伟奇译,知识出版社,1987年版,第13页。

[2] [奥地利]弗洛伊德:《弗洛伊德论美文选》,张唤民、陈伟奇译,知识出版社,1987年版,第15页。

爱恨交加,就像美丑并存一样,是一张纸的两面。如果说丑是美的另一种类型和另一道风景,那么恨亦可是爱的另一种表达和另一条路径。生命美学标举"我爱故我在",其实还应该补上"我'恨'故我在"。

其二,说明了优柔寡断是生命的本真。

如果说俄狄浦斯是爱恨交加的文化原型,那么哈姆雷特就是优柔寡断的文学典型。

人既是情感的高等动物,又是理性的智商存在,还是功利的现实主体,因此趋利避害、贪生怕死,甚至好逸恶劳、见风使舵、趋炎附势都经常伴随其中。孟子曾经感叹的"鱼,我所欲也;熊掌,亦我所欲也"的困惑导致了人们在利害、得失、荣辱、生死面前的左右为难,说明了优柔寡断是生命的本真。弗洛伊德说:"哈姆雷特代表一种人的典型,他们的行动力量被过分发达的智力麻痹了……剧作家试图描绘出一个病理学上的优柔寡断的性格,他可能属于神经衰弱一类。"[1]神经衰弱症是弗洛伊德得出的医学诊断,人文主义者才是哈姆雷特本来的身份。

他本来是快乐的王子,之所以会优柔寡断,是因为父亲被谋害后,他面临内外两重冲突。外在的,即他与以克劳狄斯为首的宫廷中的残酷、卑鄙的环境之间的冲突;内在的,存在于他自己的内心之中,扭转乾坤的使命和为父报仇的决心与孤独无援的处境和软弱无能的性格,就在他"生存,还是毁灭"的人生终极迷茫中,导致他犹豫不决而一再错失良机。真可谓"性格促使行动,行动决定命运"。

---

[1] [奥地利]弗洛伊德:《弗洛伊德论美文选》,张唤民、陈伟奇译,知识出版社,1987年版,第17页。

弗洛伊德不仅从病理学上指出这是神经衰弱的表现,还试图从精神分析学上寻找他"犹豫的原因或动机":"在《哈姆雷特》中,幻想被压抑着;正如在神经病症状中一样,我们只能从幻想被抑制的情况中得知它的存在。"①这就比较清晰地梳理出了一条不仅存在于哈姆雷特,而且潜伏在人类生命中的真实过程:文明的长期压抑——人生的暂时幻想——行动的必然犹豫。看来,优柔寡断并不是王子的专利,而是我们的通病,这就是现实人生的本来面目。

其三,破解了痛苦与快感并存的生命本质。

弗洛伊德在《〈俄狄浦斯王〉与〈哈姆雷特〉》一文的最后,为了"说明创造性作家的心理冲动的最深层"原因,指出:"所有真正的创造性作品同样也不是诗人的大脑中单一的动机和单一的冲动的产物,并且这些作品同样也面对着多种多样的解释。"②这些解释中,就包括了他自己所谓的"弑父娶母"情结和"优柔寡断"性格,在揭示生命意义上,前者体现了生命的本能,后者体现了生命的本真。其实,就这两位人物自己和现场观众欣赏而言,通过环境的险象环生和氛围的恐怖阴森,表现人物时而痛不欲生,时而喜极而泣,就在这歇斯底里的"变态"中,彻底释放了作家、演员和观众压抑已久的真实生命,真正展示了超越伦理的自由生命。看来,仅有快乐的生命或仅有痛苦的生命都是不真实的和不完整的生命,还应该有悲喜交加、善恶一体的人生。弗洛

---

① [奥地利]弗洛伊德:《弗洛伊德论美文选》,张唤民、陈伟奇译,知识出版社,1987年版,第17页。

② [奥地利]弗洛伊德:《弗洛伊德论美文选》,张唤民、陈伟奇译,知识出版社,1987年版,第18页。

伊德于此揭示出了感性生命的最后本质:痛与快并存。

他在《戏剧中的精神变态人物》一文中,还略举了和他同时代的奥地利小说家、剧作家赫尔曼·巴尔的剧本《别人》。这部于1905年首次上演的戏剧,主人公是一个美丽能干、热情率真又嗜酒成性、招蜂引蝶的女记者。她有着双重人格,在对男人的态度上,既在肉体上有着深深的依恋,又在精神上久久无法离舍。在弗洛伊德眼里,这个人物当属精神变态类型,在肉体的痛苦和心灵的愉悦中,在超出常人的"痛"与"快"的感受中,将生命的复杂情感和复合体验,演绎得淋漓尽致。

如此的生命形态和情态,充满并洋溢着生命哲学的美学意义。那就是自由率真的生命理念得到了弘扬。只有这种非常态的人物,才能"毫不犹疑地释放那些被压抑的冲动,纵情向往在宗教、政治、生活和性事件中的自由,在各种辉煌场面中的每一方面'发泄强烈的情感'"。[1] 无疑,俄狄浦斯、哈姆雷特、《别人》中的女主角,他们在释放中获得了自由,显示了本真,而作家和观众同样是在释放中享受了自由和本真。

第二节 解析"白日梦幻"

作家是人类梦想最伟大的代言人,文学就是人生梦想最生动的衍生品。

从先秦的《高唐赋》到唐代的《枕中记》,从但丁的《神曲》到班扬的《天路历程》,梦幻与文学相伴而行,其中的奥妙何在?

---

[1] [奥地利]弗洛伊德:《弗洛伊德论美文选》,张唤民、陈伟奇译,知识出版社,1987年版,第21页。

1907年,弗洛伊德在一次学术演讲会上发表的《作家与白日梦》中"怀着强烈的好奇心"对创作进行了深度的解析:作家是"光天化日之下的梦幻者","一篇创造性的作品像一场白日梦一样","作家使我们从作品中享受到我们自己的白日梦"。[1]

乘着"白日梦"的翅膀,"晴空一鹤排云上,便引诗情到碧霄。"

借助"想象力"的赋能,"两岸猿声啼不住,轻舟已过万重山。"

一、幻想的游戏属性

在弗洛伊德精神分析学的术语里,"梦"与"白日梦",是一个概念,还是两个意思?我们先看看他是如何理解的。

"梦的显在内容的材料就是梦的真实意义,它是通俗易懂的。它把白天的印象联系起来,就会看到它是一种未得到满足愿望的满足。"[2]

"当科学工作成功地解释了梦的变形这一因素时,我们便不再难以认识到夜间的梦完全与白日梦——我们全都十分了解的幻想——一样是愿望的实现。"[3]

仔细分辨可知:梦是愿望的替代性满足,是精神压抑后的被动性释放,属于无意识的流露;而作为梦的"变形"的白日梦是愿

---

[1] [奥地利]弗洛伊德:《弗洛伊德论美文选》,张唤民、陈伟奇译,知识出版社,1987年版,第34、36、37页。

[2] [英]约翰·里克曼编:《弗洛伊德著作选》,贺明明译,四川人民出版社,1986年版,第23页。

[3] [奥地利]弗洛伊德:《弗洛伊德论美文选》,张唤民、陈伟奇译,知识出版社,1987年版,第33—34页。

望的直接性满足,是精神亢奋时的主动性表达,属于意识的表现。前者不可能完成有意的创造性活动,而后者可能实现有意义的创造性实践。按照弗洛伊德的理解,文学艺术的创作就是作家白日梦的结果,他在《作家与白日梦》中,就常常用"幻想"一词来替代"白日梦"("白日梦——我们全都十分了解的幻想")。可见白日梦或幻想,都是遵循这样一个基本的逻辑:利用现在的条件,按照过去的方式来安排未来的愿景,无疑这正是诗人创作的心理机制。

有一个问题长久地困扰着我们,这也一直是弗洛伊德思考的问题:作家进行文学创作的深层心理机制是什么? 这和儿童的游戏和成年人的幻想一样吗?"作家的所作所为与玩耍中的孩子的作为一样。他创造出一个他十分严肃对待的幻想的世界——也就是说,他对这个幻想的世界怀着极大的热情——同时又把它同现实严格地区分开来。"[1]区别开来的方式就是儿童——不仅仅是儿童(成年人的游戏是艺术创作)——最常用的游戏方式,因为游戏是有依托的假象性场景中的玩耍。

弗洛伊德是这样来阐述由梦境到白日梦最后到幻想,以及它们的意义的。

一是,人类的创造天赋。

人类的艺术活动需要情感与幻想的双向合力推动,这于"圈内中人"已为常识,而"圈外之人"的弗洛伊德借助对"作家与白日梦"关系的理解,首先看到了情感的神奇魔力:"不可思议的造物主(作家)从什么源头汲取了他的素材,他如何用这些素材才

---

[1] [奥地利]弗洛伊德:《弗洛伊德论美文选》,张唤民、陈伟奇译,知识出版社,1987年版,第29页。

使我们产生了如此深刻的印象,才在我们心中激起了我们也许连想都没有想到自己会有的情感。"[1]并认为这样的激情蕴藏在所有人心中。接着他又提出了一个疑问:"具有创造性想象力的艺术的本质是什么"?[2] 这是一个自问自答的提问,其中隐藏的答案就是幻想。

现在问题的焦点是,情感也罢,创造性和想象力也罢,是不是作家艺术家的专利,答案是否定的。弗洛伊德依据他的"压抑—升华"理论,文明在本质上是一种压抑,而反抗压抑也是文明的历史使命。随着文明的进步,才有现代意义上专门人群从事艺术职业,但是有文明的世俗限制必有反文明的诗意幻想,因此,"每一个人在心灵上都是一个诗人,不到最后一个人死掉,最后一个诗人是不会消逝的。"[3]弗洛伊德明确告诉我们,作家、诗人和我们每个人都是一样的,或曰我们每个人都具有艺术家的禀赋。这就很好地回答了白日梦也罢,幻想也罢,它们都是每个人精神活动的必有内容,它更具有人类生命意义的普遍性。

二是,儿童的玩耍天性。

在弗洛伊德的整个研究中,呈现出一个重要的特征,那就是远离理性和意识、成人和成熟,而看重非理性和无意识、儿童和幼稚,在文化的返璞归真中向往着童真的世界。在《作家与白日梦》里流传着一句堪称经典的话:"一篇创造性作品像一场白日

---

[1] [奥地利]弗洛伊德:《弗洛伊德论美文选》,张唤民、陈伟奇译,知识出版社,1987年版,第28—29页。

[2] [奥地利]弗洛伊德:《弗洛伊德论美文选》,张唤民、陈伟奇译,知识出版社,1987年版,第29页。

[3] [奥地利]弗洛伊德:《弗洛伊德论美文选》,张唤民、陈伟奇译,知识出版社,1987年版,第29页。

梦一样,是童年时代曾做过的游戏的继续和代替物。"[1]一语中的,言简意赅,不仅将艺术创作、儿童游戏和白日梦幻之间的关系,阐释得一清二楚而入木三分,而且揭示出了儿童存在的方式就是玩耍和游戏,儿童具有的本质就是天真和天然,其美学意义不可小觑。

弗洛伊德之所以要返回到童年时代去寻找人类的幻想是怎么产生的,是因为人类的童年和个体的幼儿,有着异曲同工之妙。人类的童年是一个如庄子所言的"生也天行,死也物化"的文明之初,在这"日出而作,日落而息"的岁月里,唯有幻想能寄托人类和儿童的未来,游戏能带来天真的快乐。为何幻想与游戏有着如此魔力呢?弗洛伊德解释说,这是因为"他玩耍时,他创造出一个自己的世界,或者说他用使他快乐的新方式重新安排他那个世界的事物","他在玩耍时非常认真,并且倾注了大量热情。""他喜欢把想象中的事物和情景与真实世界中可能的和可见的事物联系起来。"[2]儿童在游玩中创造的这个世界,不就相当于是艺术家创作的艺术品吗?儿童在玩耍时呈现出的专注和热忱,不就是我们在劳作和生活中表现出的态度吗?儿童将想象与真实画等号,不就是艺术审美活动中的情形吗?

三是,作家的想象能力。

对于有着玩耍天性的儿童而言,游戏就是幻想的现实化,在这个童话般的世界里,他犹如国王一样指挥千军万马。同样对

---

[1] [奥地利]弗洛伊德:《弗洛伊德论美文选》,张唤民、陈伟奇译,知识出版社,1987年版,第36页。

[2] [奥地利]弗洛伊德:《弗洛伊德论美文选》,张唤民、陈伟奇译,知识出版社,1987年版,第29页。

于有着创造天赋的作家而言,写作也是想象的生活化,在这个桃花源的世界里,他恰似战士一样纵横驰骋。这就是弗洛伊德说的:"作家的所作所为与玩耍中的孩子的作为一样。他创造出一个他十分严肃对待的幻想的世界——也就是说,他对这个幻想的世界怀着极大的热忱——同时又把它同现实严格地区分开来。"[1]说明没有幻想气质的儿童是不可爱的,缺乏想象能力的作家是一无是处的。

无中生有,以实写虚,乃至弄假成真,向来是文学艺术最重要的审美特征,这几乎成了文艺创作的一条不刊之论。弗洛伊德深谙此道,并做了进一步的发挥:"作家想象中的世界的非真实性,对他的艺术方法产生了十分重要的后果。"这是什么样的"后果"呢?"假如它们是真实的,就不能产生乐趣,在虚构的戏剧中却能够产生乐趣。"[2]这里,再一次彰显了弗洛伊德艺术理论的一个重要的观点:"快乐"。论戏剧如此,论绘画如此,论文学更是如此。他接着以戏剧为例,如果是真实的事件"是令人悲痛的",而"在虚构的戏剧中却能够产生乐趣"。究其根源,还不是因为艺术犹如儿童的游戏一样,只有在幻想中和想象中,释放生活的压力,放飞自我的天性,体验自由的创造!

二、幻想的发生机制

如果说里比多的发生是因为文明压抑而导致的,是在无意

---

[1] [奥地利]弗洛伊德:《弗洛伊德论美文选》,张唤民、陈伟奇译,知识出版社,1987年版,第29页。
[2] [奥地利]弗洛伊德:《弗洛伊德论美文选》,张唤民、陈伟奇译,知识出版社,1987年版,第30页。

识领域悄然生长的,那么白日梦的发生就是由于生命成长而诱发的,是有意识的生命创造行为。弗洛伊德指出:"孩子的游戏是由愿望决定的:事实上是唯一的一个愿望——它在他的成长过程中起很大作用——希望长大成人。"[1]成长对于儿童来说,是一柄双刃剑,一方面让他丢掉幻想,走向成熟,准备未来的战斗,毕竟幻想和游戏不能"当饭吃";另一方面让他不得不转移或挤走幻想,将童年的游戏用艺术活动来替代,这就是作家的创作。因为文学艺术的创作和欣赏属于纯粹的审美活动,和幻想的游戏和游戏的幻想具有惊人的相似。

艺术史上有著名的艺术起源于游戏的说法,由德国哲学家康德、席勒和斯宾塞等人提出。如席勒认为人有感性和理性的冲动,"美就是这两种冲动的共同对象,也就是游戏冲动的对象。"[2]艺术活动或审美活动起源于人类所具有的游戏本能,但随着他的成长,"他知道他不应该再继续游戏和幻想,而应该在真实世界中行动"[3],于是这个本能就通过"化装"的方式在文学艺术活动中表现出来了。

这种伴随生命成长的游戏和幻想,对于一个人的生命具有什么样的意义呢?或曰,为生命美学带来哪些启发意义呢?

一是,幻想满足生命的愿望。

人之所以会产生幻想,不外乎三个原因:生理方面,某些神

---

[1] [奥地利]弗洛伊德:《弗洛伊德论美文选》,张唤民、陈伟奇译,知识出版社,1987年版,第31页。

[2] [德]席勒:《美育书简》,徐恒醇译,中国文联出版公司,1984年版,第88页。

[3] [奥地利]弗洛伊德:《弗洛伊德论美文选》,张唤民、陈伟奇译,知识出版社,1987年版,第31页。

经介质的异常,如多巴胺等,可能导致思维活动过度活跃,前额叶或颞叶的异常也可能导致思维活动的紊乱,从而引发幻想。心理方面,当压力过大或焦虑过度时,幻想成为一种应对机制,帮助缓解这些负面情绪;幻想可以作为一种心理防御手段,帮助人们在现实中遭受挫折时获得心理补偿和满足。环境方面,小则与亲人关系的恶化,大则与社会关系的紧张,就可能导致个体通过幻想来寻求内心的满足和平衡。

这些说法不无道理,但弗洛伊德凭借精神分析学者的眼光,一针见血地指出:"我们可以肯定一个幸福的人从来不会幻想,幻想只发生在愿望得不到满足的人身上。"[①]当然,他这里的幸福不一定是我们通常意义上的世俗幸福,但"愿望得不到满足"而产生幻想却是千真万确的。这里,我们不得不追问一句:悠悠万事,头等大事是什么?肯定是与生命有关的愿望。他指出在年轻的男女那里,"性的愿望占有几乎排除其他愿望的优势"[②]。歌德创作《少年维特之烦恼》就是一个经典的案例。歌德是弗洛伊德崇拜的作家,歌德的文学更是让他沉迷其中,作家将恋爱的幻想寄托在小说中,就是生命之爱愿望的幻想式满足。以此类推,作家的白日梦几乎源自幻想,其中很大一部分又与性爱相关。

二是,幻想伴随成长的经历。

人的一生会有无数个幻想,在不同年龄、不同地方、不同境

---

① [奥地利]弗洛伊德:《弗洛伊德论美文选》,张唤民、陈伟奇译,知识出版社,1987年版,第31—32页。

② [奥地利]弗洛伊德:《弗洛伊德论美文选》,张唤民、陈伟奇译,知识出版社,1987年版,第32页。

遇的幻想都是不相同的。弗洛伊德是深谙此道的:幻想的情景"根据幻想者生活印象的变换而有相应的变换,根据幻想者的情况的变化而变化"。[1] 少年李白即将离开四川,想到的是"仰天大笑出门去,我辈岂是蓬蒿人"。青年李白面对庐山瀑布,感受的是"飞流直下三千尺,疑是银河落九天"。晚年李白受尽磨难,依然幻想着"长风破浪会有时,直挂云帆济沧海"。可见,真正的诗人无一不是生活在幻想中,而不是现实中的,他需要在超越现实中放飞想象。犹如《文心雕龙》所言:"文之思也,其神远矣。故寂然凝虑,思接千载;悄焉动容,视通万里;吟咏之间,吐纳珠玉之声;眉睫之前,卷舒风云之色。"

由此可见,幻想是时间留下的痕迹,有着鲜明的个人成长经历的记忆。"幻想同时间的关系是十分重要的。我们可以说幻想它似乎徘徊于三种时间之间——我们想象包含着的三个时刻。"[2] 为此,他做了具体的阐释,即心理活动"当时的印象""早年经历的记忆""实现愿望的未来"。这三个时间点是人成长的三个时段,也是一个生命要经历的三个阶段。虽然弗洛伊德没有用具体的文学现象或作家创作予以证明,但是他的这个幻想伴随成长时间的见解,不但说明了幻想也罢、想象也罢都是文学创作的不可或缺的要素,是超越现实进入审美的必经之路;而且揭示了幻想的逻辑构成与生命的成长过程的对应关系,唯有带着生命的记忆、触动和憧憬的幻想,才使生命之美呈现立体式的

---

[1] [奥地利]弗洛伊德:《弗洛伊德论美文选》,张唤民、陈伟奇译,知识出版社,1987年版,第32页。

[2] [奥地利]弗洛伊德:《弗洛伊德论美文选》,张唤民、陈伟奇译,知识出版社,1987年版,第32页。

丰富和深邃。

三是,幻想具有梦想的功能。

说幻想是一种梦想是没有问题,说幻想是白日梦更是恰到好处;但是梦想与幻想的区别还是很明显的,一个是灵魂的漫游人,一个是灵魂的探索者。梦是发生在睡眠状态中的,受无意识的影响,以碎片化的方式呈现出来,而白日梦的内容虽然也是幻想性的,但与个人的生活有着一定的联系,涉及个人的期望和未来活动的预先演练。但是,弗洛伊德从无意识的性压抑观点出发,认为"在夜晚,我们也产生一些令人羞愧的愿望;我们必须隐瞒这些愿望"[1]。为什么呢?因为它不符合文明的规范和伦理的要求。

幻想或白日梦倒不一定是"白天"发生的,但它受到意识的制约和引导,弗洛伊德认为它有可能将"晚上"的梦予以"变形",就使得夜间的梦转变为白日的梦,即"幻想——一样是愿望的实现"[2]。就这个意义而言,幻想和梦想都具有实现愿望的功能。只不过,幻想的愿望通过努力是可以实现的,而梦中的愿望是很难实现的,所以,幻想具有梦想的功能,这不是一般性的生活功能,而是独特性的美学功能。如果说生活功能是"梦想成真",而美学功能则是"梦想激情",前者有点像梦中的科学发明,后者却是笔下的艺术创作。正像一生报国无门的辛弃疾在醉眼迷离时,眼前就会出现"沙场秋点兵"的幻想:"八百里分麾下炙,五十

---

[1] [奥地利]弗洛伊德:《弗洛伊德论美文选》,张唤民、陈伟奇译,知识出版社,1987年版,第33页。

[2] [奥地利]弗洛伊德:《弗洛伊德论美文选》,张唤民、陈伟奇译,知识出版社,1987年版,第34页。

弦翻塞外声""马作的卢飞快,弓如霹雳弦惊"。

三、幻想的意义呈现

幻想,作为一种美感现象,来有影而去无踪;幻想,作为一种文学审美,形有据而神无依。它所具有的美学意义深刻地揭示出了文学艺术的最大价值,就是对我们世俗生活的超越性和有限生命的自由性,予以的真实感受、真诚感染和真理般的感悟。

幻想,柏拉图谓之"凝神关照"时的"神灵凭附"。刘勰说它是"应物斯感"中的"神与物游"。弗洛伊德则用"美学快乐"来说明:"我认为,一个作家提供给我们的所有美的快乐都具有这种'直观快乐'的性质,富有想象力的作品给予我们的实际享受来自我们精神紧张的解除。"[1]他围绕幻想之于文学的关系,基于文学的想象力,从逻辑层次上依次说明了幻想具有身体的"直观快乐"、精神的"紧张解除"。

虽然弗洛伊德这篇《作家与白日梦》是从"作家"的视角进入"白日梦"分析的,但文章涉及的不仅仅是"作家"的创作主体,而是形成了文学审美活动的一个完整链条:作品、创作和接受中的白日梦/幻想的意义呈现。

首先,让作品产生最直接的共鸣。

弗洛伊德在对"创作和白日梦进行比较"中,发现古代的史诗和悲剧很难有幻想效果,这是因为要么它的内容距离我们太遥远了,要么它的题材显得太庄严宏伟了。说明不是所有的文学作品都能产生幻想,必须要么就是距离我们生活最近的事情,

---

[1] [奥地利]弗洛伊德:《弗洛伊德论美文选》,张唤民、陈伟奇译,知识出版社,1987年版,第37页。

小说塑造的是我们周围熟悉的人物,它却又有着不同凡响的经历,让我们和他一道历经命运的三灾八难;要么是写出了我们的心声,让我们感同身受,就像重演了读者内心的经历一样。

他认为这两类作品最容易引起共鸣。

一类是"传奇小说"。弗洛伊德认为这类作品有两个鲜明的特色:其一有一个重要的主角成为整个作品的中心人物,"每一部作品都有一个主角作为兴趣的中心,作家试图用一切可能的手段使他赢得我们的同情,作者似乎把他置于一个特殊的神的保护之下。"这是一个逢凶化吉又大难不死的人物,但又没有三头六臂,属于平民英雄一类。其二围绕这个人物有一个曲折的故事,弗洛伊德说这个人物如果是在上一章的结尾受了大伤,在下一章一定会好起来的,"带着安全感跟随主角经历他那危险的历程"。难怪这类小说"拥有最广泛、最热忱的男女读者群",让读者从中看到了"至高无上的自我"。[1]

还有一类是"心理小说"。弗洛伊德是这样解释的:"心理小说的特殊性质无疑是由当代作家用自我观察的方法把他的自我分裂成许多部分自我的倾向而造成",作家以己度人,把自己的经历,特别是对生活的理解写进小说里去了,它不像"传奇小说"那样注重人物的外部经历,而是着重写人物的心理历程和内心感受,这类小说"只有一个人物——也总是主角——是从内部来描写的"。在主人公的内心独白中,"他像旁观者一样看着眼前经过的人们的生活和遭受的痛苦"。肯定这种小说实现了作者、人物和读者的三位一体,更加容易激起我们的共鸣,达到了"自

---

[1] 以上引文见[奥地利]弗洛伊德:《弗洛伊德论美文选》,张唤民、陈伟奇译,知识出版社,1987年版,第34页。

我用旁观的角色来满足自己"。[1]

其次,让作家带来最早年的记忆。

在"作家与白日梦/幻想"这个话题里,主体是作家,对象是白日梦/幻想,二者的关系是作家的白日梦是如何产生的,或白日梦对作家会产生什么样的影响。弗洛伊德认为并不是所有的作家都会产生白日梦,也不是所有的作品都能诱发白日梦,而多半是"富于想象力的作家和白日梦者,诗歌创作和白日梦所进行的比较",[2]才能揭示其中的价值。就这个观点看,诗人和浪漫主义作家是制造白日梦或幻想的主力军,相应地诗歌、神话、传奇剧、心理小说等就是幻想的主要承载体,其中的原因无须赘言,但是作家是白日梦的制造者也是毋庸讳言的。

作家是如何创造白日梦的?这是所有对弗洛伊德感兴趣的学者都想知道的一个创作秘密。虽然这是一个十分复杂的创作现象和较为深奥的理论话题,但他基于前面阐述过的幻想与过去、现在、未来三个时期的关系,提出了一个新颖的解析思路:"让我们试着考察一下作家的生活与作品之间的关系。……现时的强烈经验唤起了作家对早年经验(通常是童年时代的经验)的记忆,现在,从这个记忆中产生了一个愿望,这个愿望又在作品中得到实现。"[3]根据弗洛伊德精神分析理论,可知童年经验中最深刻而持久的经验是"性"的经验,即妒父恋母的冲动,随着长

---

[1] 以上引文见〔奥地利〕弗洛伊德:《弗洛伊德论美文选》,张唤民、陈伟奇译,知识出版社,1987年版,第35页。

[2] 〔奥地利〕弗洛伊德:《弗洛伊德论美文选》,张唤民、陈伟奇译,知识出版社,1987年版,第35页。

[3] 〔奥地利〕弗洛伊德:《弗洛伊德论美文选》,张唤民、陈伟奇译,知识出版社,1987年版,第35—36页。

大成人,这个冲动就变成了白日梦——作家和诗人的审美幻想。

弗洛伊德进一步思考了文学素材与审美幻想的联系,即什么样的素材更能激发作家创造出精彩的文学,那一定是熟悉而神奇的东西。"就素材近在手边而言,它是来自流行的神话、传说和童话故事的宝库。"它已不是作家个人的喜好了,而是"像神话这样的东西就是所有民族充满愿望的幻想,人类年轻时期的世俗梦想的歪曲了之后留下的痕迹"①。他已将这个问题的思考拓展到了人类文化学的领域,看来白日梦不仅是个体童年的幻想,而且是人类童年的记忆。

最后,让读者获得最直观的快乐。

从接受美学的角度说,一次从创作到作品最后到阅读的文学活动,是否真正成功的最后评判者不是作家自己,而是广大的读者。就这个意义而言,作家的白日梦再精彩也不是"王者荣耀",关键是要诱发出读者的白日梦才是"大功告成"。弗洛伊德虽然论述的切入点是"作家与白日梦",实际上他的落脚处是"读者与白日梦"。艺术是给人带来快乐的,这是他一以贯之的观点。但是,稍有阅读经验的读者都知道,并不是一打开作品,快乐就扑面而来,或许开始或其间还会夹杂不愉快,甚至是痛苦的感觉,但人们对快乐的追求是任何力量也阻挡不住的。

"作家在他的创作中用什么手段引起了我们内心的感情效果——到目前为止我们根本没有触及到。"②之所以还没触及

---

① [奥地利]弗洛伊德:《弗洛伊德论美文选》,张唤民、陈伟奇译,知识出版社,1987年版,第36页。
② [奥地利]弗洛伊德:《弗洛伊德论美文选》,张唤民、陈伟奇译,知识出版社,1987年版,第36—37页。

到,是因为我们还不太明白弗洛伊德这里的"感情效果",包含了哪些要素。"厌恶"和"快乐"这两个要素又是如何由"厌恶"嬗变为"快乐"的呢?

弗洛伊德说过,当我们听一个人讲述他的幻想或白日梦时,我们可能会感到好笑,甚至为他感到害羞,因为这是一个人的"隐私"或"野心",而阅读文学就不一样了,"当一个作家把他的戏剧奉献给我们,或者把我们认为是他个人的白日梦告诉我们时,我们就会感到极大的快乐"。他认为这是因为作家"向我们提供纯形式的——亦即美学的——快乐,以取悦于人"①。这个"形式"不是我们通常的艺术的表现或技巧,而是没有内容或淡化内容的形式美感,所谓"距离产生美"。朱光潜曾说过:"艺术家和诗人的长处就在能够把事物摆在某种'距离'以外去看。"②这不叫美的快乐,而叫美学的快乐,因为"美学"包含了作者所处的时代、所接受的文化传统,还有个人的性格、趣味等综合性因素。

弗洛伊德进一步论述道,这种快乐不仅是从作品欣赏得到的,而且"是由于作家使我们从作品中享受到我们自己的白日梦",恰似白居易听琵琶女演奏后发出的感慨:"同是天涯沦落人,相逢何必曾相识。"从作品中看到了读者自己,如此快乐才是"直观"的,更是"美学"的。

---

① [奥地利]弗洛伊德:《弗洛伊德论美文选》,张唤民、陈伟奇译,知识出版社,1987年版,第37页。
② 朱光潜:《朱光潜美学文集》第一卷,上海文艺出版社,1983年版,第23页。

第三节　研析"不可思议"

艺术家像是忒拜城里的"斯芬克斯",把神圣的谜底隐去。

艺术品犹如达·芬奇的《蒙娜丽莎》,将神秘的微笑浮现。

弗洛伊德为了重建他的"艺术之都",走进了俄狄浦斯王子的精神世界,探寻着列奥纳多儿时的神奇梦幻。

现在,我们又紧随他思考的脚步,来到了意大利,驻足在米开朗琪罗的雕像《摩西》面前,惊讶这位心理学家为何要屡屡发出:

"最美妙和最杰出的艺术作品成了不解之谜。"[①]

"我为什么把这座雕像说成是不可思议的呢?"[②]

那就让我们来探索这个"不解之谜"背后的"不可思议"吧。

一、原因探究

米开朗琪罗是意大利文艺复兴时期伟大的绘画家、雕塑家、建筑师和诗人,文艺复兴时期雕塑艺术最高峰的代表,与拉斐尔和达·芬奇并称为文艺复兴三杰。米开朗琪罗雕塑代表作有《大卫》《摩西》《被缚的奴隶》等,其中创作于1513—1516年间,取材自《圣经》中最受神宠爱的先知摩西同名的、现存于罗马梵蒂冈圣彼得大教堂的《摩西》,堪称经典中的经典,被誉为"现代

---

① [奥地利]弗洛伊德:《弗洛伊德论美文选》,张唤民、陈伟奇译,知识出版社,1987年版,第113页。

② [奥地利]弗洛伊德:《弗洛伊德论美文选》,张唤民、陈伟奇译,知识出版社,1987年版,第115页。

雕塑的皇冠"。

对于这样一位世界级的大师,弗洛伊德神往已久,并多次亲临意大利罗马一睹大师杰作的风采。这尊雕像的摩西形象威严,正襟危坐,眼神坚定,双唇紧闭。问世几百年来,一直吸引着全世界的爱好者顶礼膜拜。弗洛伊德在《米开朗琪罗的摩西》一文中也说道:"当我凝视着这样的艺术品时,我总需要在它们面前花费长久的时间,我希望用自己的方法去理解它们,也就是说,向我自己解释它们的效果到底来自何处。"[1]不可否认,弗洛伊德是一位有着敏锐的艺术感受力、深刻的思想洞察力和准确的语言表达力的学者,他之所以对这尊雕像发生了浓厚的兴趣,背后一定有着值得我们探究的原因。

其一,题材的吸引力。

摩西是以色列人的民族领袖,史学界认为他是犹太教创始者,受上帝之命率领被奴役的以色列人逃离古埃及,前往一块富饶之地迦南。在摩西的带领下古以色列人摆脱了被奴役的悲惨命运,按照以色列人的传承,写作了《摩西五经》,教导犹太民族学会遵守十诫,并成为历史上首个尊奉一神宗教的民族。他的经历和事迹成为后世很多文学艺术创作的题材和学者研究的对象,如希伯来文学经典《出埃及记》,罗伯特·摩西的戏剧《摩西传记》,弗洛伊德去世前的最后一本书就是《摩西与一神教》。

在弗洛伊德还没有写这篇《米开朗琪罗的摩西》文章的1914年前,他就对米开朗琪罗及其艺术作品颇有了解,特别是从小他心中就有一个英雄的梦想,少年时代就对古迦太基的军

---

[1] [奥地利]弗洛伊德:《弗洛伊德论美文选》,张唤民、陈伟奇译,知识出版社,1987年版,第113页。

事统帅汉尼拔、英国近代资产阶级大英雄克伦威尔、法国享誉世界的人物拿破仑心仪已久,成年后多次到意大利考察罗马文化遗迹,摩西成为他崇拜的偶像就顺理成章了,何况他也是犹太人。他是这样认识艺术创作题材的重要性的:"艺术作品的题材比它们的形式和技巧上的特点更有力地吸引我,虽然就艺术家而言,他们的价值总是首先在于形式和技巧。"[①]尽管弗洛伊德也很重视艺术的形式和技巧,但在这里首先吸引他的是题材,《摩西》的历史学价值毋庸赘言,其美学价值值得推崇,它满足了弗洛伊德少年的英雄梦幻,揭示了一个看似文弱书生骨子里的大丈夫气质。普通人借助艺术的范本,在幻想中让生命更强壮更伟大更崇高。

其二,内容的理解力。

凡有艺术审美经验的人都知道,如果说感受一部作品的形式美,可以凭着直觉完成,而要真正走进作品,发现它的魅力,思考它的意义,就需要理解力了。卡西尔说过:"只有把艺术理解为是我们的思想、想象、情感的一种特殊倾向,一种新的态度,我们才能够把握它的真正意义和功能。"[②]但是,这个有关艺术的理解力,弗洛伊德也有些困惑:"我认识到一个显然有些似是而非的事实:对我们的理解力来说,恰恰是某些最美妙最杰出的艺术作品成了不解之谜。"[③]解开它的谜底,不仅是题材,而且是题

---

① [奥地利]弗洛伊德:《弗洛伊德论美文选》,张唤民、陈伟奇译,知识出版社,1987年版,第113页。

② [德]恩斯特·卡西尔:《人论》,甘阳译,上海译文出版社1985年版,第215页。

③ [奥地利]弗洛伊德:《弗洛伊德论美文选》,张唤民、陈伟奇译,知识出版社,1987年版,第113页。

材背后的内容。

越是优秀的艺术作品越具有理解的多样性,所谓"诗无达诂"。在这篇《米开朗琪罗的摩西》文章里也介绍了有关"愤怒的摩西"或"冷静的摩西",还有"行动的摩西"或"端坐的摩西"的种种理解。"在伟大的艺术作品面前,每一个人所说的与另一个人的话都大相径庭。"那该怎么办呢?弗洛伊德提出了新的思路,"如此强有力地吸引了我们的东西只能是艺术家的意图",[1]可弗洛伊德也知道要弄明白艺术家的意图并非易事,于是提出了将艺术家的意图同他的心理生活联系起来增强理解的效力。话已至此,就干脆直接亮出他的撒手锏:"就伟大的艺术作品而言,不利用精神分析学,有些方面就永远不可能被揭示出来。"[2]至此,弗洛伊德终于找到解读艺术家创作《摩西》的精神分析武器,或许其他方式的理解都不是他擅长的,唯有这件得心应手的武器才能让他所向披靡。其实理解的答案已经不重要了,重要的是他的方法论带来的启示和贡献。

其三,现场的震撼力。

有着丰富医生职业经历的弗洛伊德,长久的一线临床经历,现场感受、理智直觉和个人经验早已形成了他的心理图式和认知模式。他之所以对摩西雕像念念不忘,还有一个不容忽视的原因,就是他现场观摩带来的震撼效应。从1895年开始,弗洛伊德每年都会外出旅游消夏,大部分时间他都会前往意大利,并

---

[1] [奥地利]弗洛伊德:《弗洛伊德论美文选》,张唤民、陈伟奇译,知识出版社,1987年版,第113页。

[2] [奥地利]弗洛伊德:《弗洛伊德论美文选》,张唤民、陈伟奇译,知识出版社,1987年版,第114页。

带着崇敬的心情多次前往罗马梵蒂冈,沿着陡峭的石阶来到圣彼得大教堂观瞻摩西的雕像。面对那威严的坐姿、严肃的表情、严峻的目光,仿佛自己也成了摩西所蔑视的那群"缺乏信念、信心和忍耐力"的芸芸众生。

震惊过后,他陷入了沉思,以至于觉得"不可思议"。这在《米开朗琪罗的摩西》一文中,质疑了前人对这尊雕像的种种解释。他从艺术作品显示主人公深层心理动机的角度,认为米开朗琪罗在塑造这尊雕像时,不仅仅是为了表现摩西的愤怒,而是通过摩西的身体姿态和手部动作,揭示了更深层次的心理特征和隐秘细节。具体来说,弗洛伊德注意到摩西的右手动作引向胸部,手指插入螺旋般的胡须,这一细节表明摩西在愤怒中实际上已经控制住了自己的情绪。弗洛伊德对《摩西》的解读挑战了传统的艺术史解释,他认为米开朗琪罗通过这尊雕像传达了更为复杂和深邃的情感和心理状态,目的是"要揭示出在它们后面隐藏着的对理解这件艺术品是最根本和最有价值的东西"。[①] 这种独特的解读方式展示了弗洛伊德对艺术作品深层心理动机的敏锐洞察力。

二、文本细读

在弗洛伊德眼中,米开朗琪罗雕塑出的是一个什么样的坐像"摩西"呢,它有什么样的"不可思议"和"不解之谜"呢?

  他的身体朝着前面,他那长着繁茂胡须的头朝左面看,

---

① [奥地利]弗洛伊德:《弗洛伊德论美文选》,张唤民、陈伟奇译,知识出版社,1987年版,第115页。

右脚放在地上,左腿抬起,只有脚趾接触着地面。他的右臂把十诫板和一部分胡须连接在一起,左臂放在膝上。①

这个描写是否准确暂且不论,先补充一点与这个雕塑有关的知识。

根据《旧约·出埃及记》记载,上帝派出摩西去传达他的旨意,引导以色列人逃出了埃及。为了使众人相信摩西的身份和他传达的使命,上帝赐予摩西一块写着十诫的石板,其中第一条戒律就是不能制作任何可以被用来朝拜,或者说复制的雕像。然而,当摩西拿着石板走下西奈山的时候,却看到了以色列人正在围绕着一尊用黄金铸造的雕像,并且对它进行顶礼膜拜。摩西看到这个场面,非常地震惊,他生气地把石板扔到山底下摔碎了。米开朗琪罗正是抓住了这一传神的瞬间,表现了摩西内心的愤怒和悲伤。

针对美术史上对这尊雕塑的种种理解,弗洛伊德关注了这几个问题。

第一个,就是如此来理解摩西当下的表情及其动作。

我们都知道象形艺术重点是要刻画人物的表情,尤其是眼神、眉毛、嘴角等。弗洛伊德详尽地介绍了各种对摩西表情理解的说法,如亨利·都德,"他在雕像中看到了'愤怒、痛苦和轻蔑的混合物'",②如咄咄逼人的眉头、痛苦难耐的眼神、不屑一顾

---

① [奥地利]弗洛伊德:《弗洛伊德论美文选》,张唤民、陈伟奇译,知识出版社,1987年版,第115页。

② [奥地利]弗洛伊德:《弗洛伊德论美文选》,张唤民、陈伟奇译,知识出版社,1987年版,第116页。

的嘴角。对此,弗洛伊德不甚赞同,他觉得这些缺乏理智的表情与摩西的圣人身份不吻合,也不符合艺术创作的特性。

摩西的表情或许是凝固的,但并不意味着他是僵硬的。虽然雕塑是静态的造型艺术,但大师都能做到静中有动,以静示动。朱斯蒂认为照着这样愤怒的表情,"接下来,他会跳起来,他的精神力量会把感情变成行动",①对这个看法,弗洛伊德持明确的反对意见,摩西不应该是一个充满愤怒的人,而应该是一个处变不惊的智者,"米开朗琪罗创造的不是一个历史的人物,而是一个体现了制服冥顽世界的永不衰竭的内在力量的典型性格"。② 可见,摩西在弗洛伊德心目中有着至高无上的神圣般的地位。

第二个,就是摩西右手的姿态和两块十诫板的位置。

由于弗洛伊德秉持精神分析的理念,特别注重一些容易被人忽略的细节而发现事情的真相和隐藏的秘密,如对摩西右手的手指的形状,它与胡须、下巴的关系,右手的搁放,十诫板在手的哪个部位,又是如何放置的,是否会滑落等等,对通常看起来似乎没有多少价值的细节,他都做了详尽,甚至繁琐的考证,还请画家画了九张草图予以说明。

弗洛伊德为何要这样不嫌麻烦呢?是炫耀他高超而精细的艺术感知能力吗? 当然不是,用他的话说是"需要揭示人物的姿态中所表现的精神状态与上述'外部'平静和'内部'感情之间的

---

① [奥地利]弗洛伊德:《弗洛伊德论美文选》,张唤民、陈伟奇译,知识出版社,1987年版,第119页。

② [奥地利]弗洛伊德:《弗洛伊德论美文选》,张唤民、陈伟奇译,知识出版社,1987年版,第122页。

冲突的密切关系"。① 难怪他用了如此"外科手术"的方法,或者"自由联想"的内心独白。这样做,大概有两个方面的意义吧。

一个是要证明精神分析的价值,即通过人物的不经意的"小动作"或转换成艺术刻画时的"小细节",印证人物激烈而丰富的内心世界的表现,再杰出和伟大的人物总有一些平常人一样的情绪和动作,这对还原人物此时此刻此情此景的心灵世界,具有高度的可信性。不过,"弗洛伊德的研究无疑过分偏重于心理学一面,并且,正如扬森所指出的,这种研究忽视了那种米开朗琪罗可能会从中为他的《摩西》汲取惯常的、富有表现力的姿态的造型艺术传统。"②的确,是有点为分析而分析和牵强附会的弊端,其实雕塑家想告诉我们的是,此时平衡激情与理智后的圣人摩西主要目的是展示法典,显示立法者的权威。

另一个是要表明摩西在他心目中的偶像一样的地位。由于弗洛伊德的犹太民族身份,因此对摩西有着天然的亲近和崇敬。在这篇文章里,弗洛伊德所质疑的关键是雕像深层次的内涵,他相信米开朗琪罗在塑造这尊雕像的时候,绝不仅仅是为了表现摩西的愤怒,而是对自己情绪的控制。当因为愤怒而十诫板差点滑落时,摩西很快制止住了,并未采取过激的行为。其实,更深层次的原因也许还是弗洛伊德借这个题材,表达他对犹太祖先的崇奉和尊敬,以及对欧洲长久以来的反犹太思潮和情绪的强烈不满。

---

① [奥地利]弗洛伊德:《弗洛伊德论美文选》,张唤民、陈伟奇译,知识出版社,1987年版,第123页。
② [美]斯佩克特:《弗洛伊德的美学》,高建平译,四川人民出版社,2006年版,第204页。

三、几点启示

《米开朗琪罗的摩西》是弗洛伊德美学研究里不多见的长篇大论。遗憾的是,由于行文散漫显得篇幅冗长,因为纠缠细部而导致观点分散,当然这是他的一贯文风。尽管文章的主要目的不是美学问题,甚至也不是艺术问题,而是要说明精神分析,就像他在临床治疗过程中的"自由联想""随意谈话"一样,以发现患者的病因,针对病症,口述建议;但是,这篇文章的引言部分,对我们理解艺术是什么,理解美是什么,仍然有着不同寻常的启示。

首先,如何看平衡理智与情感的冲突。

在艺术如何感动他的问题上,他是这样排序的:首先是文学作品和雕塑作品,确实"对我产生了强烈的影响";接着是绘画作品,"要花费长久的时间";最后是音乐,"几乎不能获得任何快乐"。何以这样呢?他似乎在总结地说道:"我身上的某种理性的,或许是分析的倾向使我感动不起来,在我自己也不知道为什么受到感动,是什么打动了我的时候,我是感动不起来的。"尽管每种艺术都有自己的审美特色和相应的受众,以及个人的审美趣味,或纯粹是喜欢而不深究,或因为深究后而更喜欢。

众所周知,米开朗琪罗创作的《摩西》是经典艺术,而欣赏也罢,理解也罢,甚至是批判也罢,都自有艺术—美学的方式。这尊雕塑的艺术特色在于其细腻写实的局部夸张和整体构形的简洁之美,这不仅展现了米开朗琪罗卓越的雕塑技艺,也深刻体现了文艺复兴时期对人文主义的追求和对先知摩西的敬仰。这些都被弗洛伊德"选择性"地忽略了,至少是没有引起重视。因为他关注的不是艺术的形式与内容之间的张力而爆发出来的魅力,他仅仅从心理学家缜密的理性思维来看待艺术作品的情感表现。在理智与情感的矛盾问题上,他表现出的就不光是个人的喜好,甚至是艺术爱好者的理解,而是一个科学家与艺术家,或学术求真与艺术求美的根本性冲突,而他在这个问题上没有展示出化解矛盾的应有方略,仅仅以"不可思议"轻易地搪塞过去了。

其次,如何化解历史与艺术的矛盾。

这对矛盾指的是真实性和虚构性的矛盾,是历史类题材常常面对的一个棘手的问题,如拘泥于历史则失去了艺术的意义,如固执于艺术又浪费了历史的价值。弗洛伊德面对的既是米开朗琪罗为意大利教皇朱利二世建造陵墓而雕塑的《摩西》,又是以色列人出埃及,在西奈山下发生的崇拜金牛犊的事。如果姑且认为这是"历史"的话,那么这尊雕像的创作方法和我们如何理解它的审美魅力,就可视为是一个艺术问题。而弗洛伊德又是如何通过比较历史上的"摩西"和艺术中的"摩西",来化解这对矛盾的呢?

他说:"米开朗琪罗把另一个摩西放在教皇的陵墓上了,这个摩西比历史上和传说中的摩西更高一等。"在围绕如何处理十诫板的细节上,"他不让摩西在愤怒中把它们摔碎,而是让他意识到十诫板有被摔坏的危险,并为这种意识所动,让他平息怒火,无论如何要防止它变成行动。"[①]由是,既表现了历史人物摩西的隐忍和智慧,又实现了"引而不发"的艺术效果。《摩西》巧妙地将基督教信仰与世俗情感结合在一起,展现出超越历史的

---

① [奥地利]弗洛伊德:《弗洛伊德论美文选》,张唤民、陈伟奇译,知识出版社,1987年版,第133页。

艺术魅力,象征着米开朗琪罗对激荡内心的约束和对先知摩西的深刻理解,可见弗洛伊德精准的艺术判断力。这正如孔子说的:"质胜文则野,文胜质则史。"这个"文"与"质"的矛盾关系,同样可以运用于对艺术创造中的历史之"实"与艺术之"虚"关系的评判。

最后,如何做到立意与表现的一致。

这是一个艺术家的创造动机和动机能实现多少的问题。就立意和表现的关系看,我们先得询问米开朗琪罗创作《摩西》的目的是什么。弗洛伊德列举了种种说法:亨利·都德的正在"愤怒"说,布克哈特的即将"愤怒"说,格里姆的努力"平静"说,海斯·威尔逊的还在"犹豫"说,沃尔夫林的抑制"行动"说等。这的确是一个仁者见仁智者见智的问题。他认为艺术家要塑造一个"崇高的宁静的形象"——"几乎难以忍受的庄严的宁静"[1],这都要通过眼神、肌肉、动作予以准确、形象和生动的表现。

弗洛伊德为了说明米开朗琪罗创作《摩西》时,做到了立意与表现的统一,即创作意图与细节表现的吻合,除了十分详尽,甚至不嫌烦琐对雕像细节做了"手术式"的解剖和"考古式"的深究,还对整个雕像整体构成进行了分析:"脸部线条表现了占优势的感情;形体中部显示了被压抑的行为的痕迹;脚仍然保持着准备行动的姿势。"[2]这个分析是十分精当的,可以说既准确阐释了艺术家的创作目的,又发表了作为有着科学背景和艺术素

---

[1] [奥地利]弗洛伊德:《弗洛伊德论美文选》,张唤民、陈伟奇译,知识出版社,1987年版,第122页。

[2] [奥地利]弗洛伊德:《弗洛伊德论美文选》,张唤民、陈伟奇译,知识出版社,1987年版,第131页。

养的特殊观众的独到见解。这可谓是中国古代文艺创作讲究的"立象尽意""意在笔先""传神写照"的西方印证。这也是清末大画家郑板桥论及艺术创作的由"眼中之竹"到"心中之竹",最后显现于"手中之竹"。看来,中西方的艺术虽然有写实与写意、再现与表现的异趣,但创作的主题立意和技法表现的一致却是人类艺术的共同追求。

第二章　感受审美之乐

> 遵循美的规律,用快乐这种补偿方式来取悦于人——这时它们才变成了艺术作品。[①]
>
> ——弗洛伊德

人类对美好的追求,发自本能,犹如"山阻石拦大江毕竟东流去";

生命对快乐的企望,顺乎天命,就像"雪傲霜欺寒梅依旧向阳开"。

这就是审美之乐,弗洛伊德深谙此道,他不仅研究正常人的美感,而且思考"变态人"的美感;他不仅从一般心理学给予解说,而且从深层心理学予以探源。

他的一生历经磨难,可依然在旅游和收藏、读书和写作中发现人生的快乐,如他的研究者说的:"苦难多于快乐的人生要努力学会忍受,一旦适应了这种忍受,就会觉得人生其乐无穷。"[②]从性的压抑到爱的释放,在审美之乐的感受上,他为我们不但找

---

① [奥地利]弗洛伊德:《弗洛伊德论美文选》,张唤民、陈伟奇译,知识出版社,1987年版,第139页。

② [奥地利]弗洛伊德:《人类精神捕手:弗洛伊德自传》,王思源译,华文出版社,2018年版,第10页。

到了源泉,而且提供了路径。

第一节　发掘性力的内涵

作为一个正常人,弗洛伊德深谙"性趣盎然"的重要含义;

作为一个行医者,弗洛伊德承担"性命攸关"的重任大义;

作为一个美学家,弗洛伊德深知"性情中人"的重大意义。

他认为"里比多(Libido,意为性欲本能)"[1]鉴于文明的规训、道德的规范和伦理的规定,人们对此要么讳莫如深,要么闭口不谈,要么旁敲侧击,唯有弗洛伊德却堂而皇之,还挂在嘴边,进而深入研究,在《性学三论》《梦的解析》《精神分析引论》《日常生活的心理分析》《性学与爱情心理学》等著作和这部《弗洛伊德论美文选》中阐述了"里比多"的意义:从本能的自然性到广泛的社会性。

一、"性"的经历评说

庄子说:性者,生之质也。

韩愈说:性也者,与生俱生也。

王夫之说:性者,生也,日生而日成之也。

从中国古人的"性论"里,可以看出性与生命息息相关,性即生命,生命即性。

认知弗洛伊德的性学思想的最好途径就是回顾并梳理他的"性"的经历:

---

[1] [奥地利]弗洛伊德:《弗洛伊德论美文选》,张唤民、陈伟奇译,知识出版社,1987年版,第56页。

性的启蒙:3岁时,他有一次在父母的卧室里,无意中遇见了正在做爱的父母,正在他百思不得其解时,当即被父亲赶回到他的房间。5岁时,他在由莱比锡到维也纳的途中,在一个偶然的场合,看到了母亲没有穿衣服的形象,美丽的胴体深深震撼着幼小的心灵。后来他回忆说:"我发现热爱母亲,嫉妒父亲,现在我认为是幼儿时期的一种普遍现象。"①

性的过错:14岁时,他的两个同学到校外镇上的酒馆,与陌生女子幽会,他也知道这事,接受了校方讯问,期末他的品德成绩受到降级处理。

性的浪漫:16岁时,他回到了出生地弗莱堡,再次见到了小他一两岁的发小吉夏拉,"当弗洛伊德见到吉夏拉的时候,弗洛伊德满脸通红,心扑扑直跳,说不出一句表示爱的话。"②那时他想如果不离开这里的话,就能够和这个女孩结婚。后来他同父异母,大他二十多岁的哥哥要和女儿保莲去英国,他十分不舍这位小侄女,甚至幻想和她结婚。虽然有些荒诞不经,但这时弗洛伊德已进入了性成熟的青春期了。

性的研究:17岁时进入维也纳大学医学院,在生物学课堂上为了了解睾丸的结构,他解剖了很多雄性鳝鱼。27岁时开始从事神经病的临床和研究工作,发现了人的无意识包含人的本能冲动及出生后被压抑的人的欲望。在后来出版的《关于歇斯底里症的研究》中,通过对患者性生活的了解,思考了"性欲在神经症病原学中到底起着多大的重要作用",发现"在神经症现象

---

① [奥地利]格奥尔格·马库斯:《弗洛伊德传》,顾牧译,人民文学出版社,2021年版,第16页。
② 高宣扬编著:《弗洛伊德传》,作家出版社,1986年版,第25页。

背后起作用的,并不是任何一类情绪刺激,而常常是一种性本能"。于是,"我毫无例外地把神经症都当作性功能紊乱来看待,……我希望我的发现填补了医学科学中的一个空白。"[①]他还讲述了一件事,他在治疗一个中年女患者的过程中,医患之间建立了非常良好的关系,有一天正在实施催眠治疗,患者突然紧紧搂住他的脖子,恰好一名医院工作人员进到病房,场面一度尴尬。"此后二十年,弗洛伊德才明确地指出:所有的这些'转移'现象都证明了神经冲动起源于性欲。"[②]

性的体验:26岁时,弗洛伊德在一次社交聚会上认识了21岁的玛尔塔,即被她的美丽迷倒,两个月后就订婚了,在四年漫长的恋爱期间,留下了1500多封情书,终于抱得美人归。他说:"结婚三四年或五年之后婚姻生活就不再像它许诺过的那样满足性需求了,因为迄今为止的一切避孕措施都会削弱性的快乐,影响双方的敏感,甚至成为疾病的直接原因。"[③]他还在《梦的解析》中提到他四十多岁时,曾经被一个青年女人所吸引,自觉不自觉地和她有了些许的肉体接触。

上述"性"经历,不论是看到的,还是听到的,不论是直接的,还是间接的,它所体现的"里比多",具有这些意义。

首先,体现了弗洛伊德的价值。

我们可以假设,如果他仅仅是纯粹的理性思辨和哲学冥思,

---

① [奥地利]弗洛伊德:《弗洛伊德自传》,张霁明、卓如飞译,辽宁人民出版社,1986年版,第25、27、29—30页。
② 高宣扬编著:《弗洛伊德传》,作家出版社,1986年版,第92页。
③ 转引自[美]埃利希·弗洛姆:《弗洛伊德的使命》,尚新建译,生活·读书·新知三联书店,1986年版,第34页。

那么他的精神分析治疗方式是不可能受到国内外广大患者的认可,他的精神分析学说也不可能产生世界性的影响,可见,他的社会职业决定了他的学说必定要建基于丰富精彩的感性体验和经历,而他的学者身份又必然导致一定的理性反思不是纸上谈兵,而是来源于长期和大量临床实践,因此弗洛伊德的价值就是实践与理论有机结合的典范。

他在《弗洛伊德论美文选》屡次提及莎士比亚的戏剧、茨威格的小说中的"性"情结,特别是对达·芬奇案例,他不惜笔墨地对画家童年的一个记忆做详尽而详实的阐释。达·芬奇的童年记忆明显带有弗洛伊德自己童年的记忆痕迹,并且这个有关"性"经历的记忆还延展到了少年和青年,后来转移并升华到了他的医疗实践和理论研究之中。

其次,带来了精神分析的启发。

在一般人心目中,精神分析学也罢,深层心理学也罢,都是看不见和摸不着的,可谓玄妙之至,尤其是弗洛伊德引入"无意识""白日梦"等后,更觉其是老子所言的"道之为物,惟恍惟惚。惚兮恍兮,其中有象"。这个"道"即规律,"物"即形骸,"象"即表现。而正是因为"性"——发生在他自己身上的"性"的介入,让他的学说和理论有了强大的感性的生命在场支撑。

弗洛伊德是这样论述儿童性本能与精神分析学的关联的:"里比多靠着一开始就升华为好奇心,作为增援的力量,附属于强有力的科学研究本能来逃避受压抑的命运。"[1]说明了性压抑的缓解方式是性活动,而升华,既可以通过艺术创造活动,也可

---

[1] [奥地利]弗洛伊德:《弗洛伊德论美文选》,张唤民、陈伟奇译,知识出版社,1987年版,第56页。

以通过科学研究工作来实现,无形中促成了精神分析学。

最后,充实了生命美学的内容。

鉴于抽象理性导致的美学无美的流弊,或许还有生命美学有美学无生命的虚幻,不论是感性学意义上的美学或者生命美学,都是须臾离不开感性和生命的,而没有里比多的生命要么是神仙,要么是木乃伊,而弗洛伊德大胆引入了性力,不仅为美学注入了源头活水,而且给生命带来了青春活力。难怪弗洛伊德在《弗洛伊德论美文选》最后一篇文章《论升华》的最后一句说:"'美'和'魅力'是性对象的最原始的特征。"[1]换成通常的话说,就是有性感的人一定焕发出灼灼的生命之美——洋溢着充内形外的勃勃生机之"魅力"。

弗洛伊德有着丰富的"性"的经历,但他一生没有过任何绯闻,和妻子相爱如初,并执迷于性之于生命的研究。究其原因,或许是他把性的身体需求上升到性的生命意义,最后转移到了性的科学研究,从而为生命美学填补了理论的缺陷,充实了实践的内容。

二、"性"的诱发与转移

Libido是一个英文单词,它的基本含义是"本能冲动,性欲",通常意义是可以视之为"性"的。这个词来源于拉丁语,原意是欲望、渴望,后来引申出爱的冲动、性欲的含义。在心理学和医学领域,Libido特指性欲和性冲动。它在弗洛伊德的理论体系中占据重要地位。弗洛伊德认为,Libido不限于生殖目的

---

[1] [奥地利]弗洛伊德:《弗洛伊德论美文选》,张唤民、陈伟奇译,知识出版社,1987年版,第172页。

的性冲动,而是一种广泛意义上的性,它首先以快感为目标,其次才为生殖服务。因此,Libido 在弗洛伊德的理论中,是一个含义广泛且深刻的概念。

弗洛伊德作为"性学"大师,一定要询问三个问题:性是怎么来的?与生俱来。那我们又是何以知晓呢?身体现象。仅仅是身体现象吗?身心共鸣。

首先是对男性儿童性器官的发现。

他的性学分析是从儿童开始的,一个男性儿童"他发现他身体上这一部分对他来说太有价值、太重要了,他无法相信在其他那些他感到如此相像的人们身上会缺少这一个部分"。[①] 弗洛伊德进一步分析说,这个小男孩甚至相信小女孩和他一样也有一样的生殖器,等到他后来知道小女孩没有的时候,他产生出了新的想法:"当他还认为女人拥有全部价值的时候——开始他表现出强烈的观望欲,这是一种性本能的活动。"[②]这就是人类早期的生殖器神物崇拜,如分别象征男根的耸立物和女穴的容器物。至今很多地方的"阳元石"和"阴元石",就是这方面的隐喻性表达。

一个儿童知晓并欣赏,甚至抚摸自己的性器官,当进入青春前期,发现它居然能够勃起,在抚摸的快感中诱发出身体中的性意识和性欲望。同样地,女性随着月经的出现,乳房的变大,不但诱发自己的性意识,而且诱发男性的欲望。

---

① [奥地利]弗洛伊德:《弗洛伊德论美文选》,张唤民、陈伟奇译,知识出版社,1987年版,第67页。

② [奥地利]弗洛伊德:《弗洛伊德论美文选》,张唤民、陈伟奇译,知识出版社,1987年版,第68页。

其次是对女性附属物品的转移。

当女性成为性欲意义上的审美对象后,她孕育生命起源的地方,一定充满着神圣而神秘的诱惑,中外民族都视之为法律配偶或情人拥有的"私密空间"。如何满足人们尤其是男人的好奇心和窥视欲呢?于是女性用品或最能体现女性意义的部位,就成了性意识的"替代物"。弗洛伊德说道:"对女人的脚和鞋的盲目崇拜显示出他把脚仅仅是作为他曾经崇拜过,以后又消失了的女人的阴茎的代替性象征。"[1]这与他发明的"俄狄浦斯情结"密切相关。著名文化人类学家叶舒宪结合中国文学的大量案例指出:"母子之间的性影射,如果没有鞋做比喻性的转换,是很难直接出现在中国文学的前台之上的。"[2]为什么民间要用"破鞋"作为对不贞洁女人的羞辱语,我们一下子就释然了。

弗洛伊德的这个"性"的转移见解,当然是进入人类历史的父系时代的事情了。为何会发生男性的性转移呢?恩格斯说:"母权制的被推翻,乃是女性具有世界历史意义的失败。"[3]尽管这些属于女性专用的或能体现女性特征的附属物品,没有实际性意义,只有替代性满足作用,但它们能释放性压抑和舒缓性郁闷,在潜意识中仿佛回到了远古的群婚时代。

最后是对性意识的同性恋转移。

不论是对自己生殖器的欣赏,还是对女性附属物的转移,都

---

[1] [奥地利]弗洛伊德:《弗洛伊德论美文选》,张唤民、陈伟奇译,知识出版社,1987年版,第68页。

[2] 叶舒宪:《高唐女神与维纳斯》,中国社会学科学出版社,1997年版,第563页。

[3] 《马克思恩格斯选集》第四卷,人民出版社,1977年版,第52页。

是正常而健康的性心理表现。弗洛伊德的伟大之处还在于敢于直面世俗伦理和人类文明所不屑的"同性恋"。他认为产生这种畸形恋情的原因,不是缺乏性对象,比如达·芬奇从外貌气质到内在素质,都是女性追捧的对象,他之所以会出现同性恋,弗洛伊德是这样分析的:"成为同性恋的男人,保留了对记忆中母亲形象的无意识固恋。通过压抑他对母亲的爱,他在无意识中保留了这种爱,并从此之后保持着对她的忠诚。"①因为他是把自己的母亲等同于天下的所有女性,于是他觉得,如果和另外的异性发生了恋情或性关系,就是对自己母亲恋情的背叛,只能把性欲望转移到同性别的人那里,长此以往,就会形成排斥异性的心理。

由于这种原因,达·芬奇只收那些长相俊美的男孩子或男青年作他的学生,这就再一次证明了"他是一个性需求和性活动异常退化的人,好像一种更远大的抱负使他超越了人类普遍的动物性需要"。② 其实,他退化了的是异性之爱,而转移到的是同性之恋,所谓"远大的抱负"也是他将性转移到科学活动和升华到艺术创作。

三、"性"与爱的关系

人是社会性的高级动物,仅有"性"的意识和表现是不够的,还必须有"爱"的内容和行动,由性而爱,由自然本能的性上升到

---

① [奥地利]弗洛伊德:《弗洛伊德论美文选》,张唤民、陈伟奇译,知识出版社,1987年版,第72页。

② [奥地利]弗洛伊德:《弗洛伊德论美文选》,张唤民、陈伟奇译,知识出版社,1987年版,第73页。

社会意义的爱是人类生命和其他动物生命的本质区别。由此可见,对于人类特别是男女而言,是性中有爱,爱里有性,没有性的爱是"柏拉图式"的精神之恋,没有爱的性是"野蛮人"的生殖活动。

根据弗洛伊德的"俄狄浦斯情结"理论,儿童有生以来的第一个性爱对象是他的母亲。儿童之所以会产生这个意念,一方面是儿童生命中本身就潜伏着作为一个正常生命必须有的性意识,当然这个时期更多的是无意识的性或性的无意识,弗洛伊德把婴儿吸吮母亲的奶头的行为都视为"性的活动";另一方面是母亲身上有着天然的母爱,就像雌性动物对幼崽的喂养和保护一样,必然地会把这种爱无条件和无保留地给予婴儿。

我们应该怎么理解这种"俄狄浦斯情结"所体现的"性"与"爱"的复杂关系呢?还是以达·芬奇的故事为例,呈现在以下三个阶段里:自性恋、同性恋、他性恋。

首先是本能的"自恋"阶段。

所谓"自恋"即儿童对自己的迷恋,一是如上文指出的对自己性器官的欣赏和爱抚,二是对自己的依恋。"孩子压抑了对他母亲的爱;他把自己放在了她的位置上,使自己与母亲同化,以他自己为模特儿,根据他的相似性来选择他的爱的新对象。"[1]这个阶段的一个典型现象就是,小孩喜欢照镜子了,就像古希腊那位落水而溺亡的那尔喀索斯一样,太迷恋自己水中的美丽倒影,而不由自主地要和这个"倒影"一比高下。

是如何从依恋母亲转向依恋自己的呢?即,产生的原因是

---

[1] [奥地利]弗洛伊德:《弗洛伊德论美文选》,张唤民、陈伟奇译,知识出版社,1987年版,第71页。

什么呢？一是，母亲强烈的爱。"这种依恋在童年期间由母亲太多的温情所唤起或所激励，又进一步被父亲较小的作用所加强。"①弗洛伊德在治疗过程中就多次遇见这种母亲过于强大而父亲较为弱小的病例，而一旦儿童性意识慢慢觉醒，就不能爱母亲，也无法爱上父亲，于是只好爱上自己了。二是，儿童在成长过程中，逐渐感受到了一个"强有力父亲的存在"，他象征的文明理性和道德规范，威严地告诫他不能"恋母妒父"，他也就只能爱上自己了。

其次是环境的"温情"阶段。

儿童在成长过程中，无时不感受到生长环境的存在。弗洛伊德分析达·芬奇大约五岁回到了亲生父亲身边，"在他父亲的家里，他发现不仅他仁慈的继母唐娜·阿尔贝拉，就连他的祖母——他父亲的母亲——蒙娜·露西亚也像一般的祖母那样，温情地对待他。"②尽管远离了生母的爱，但他依然享受到了人间的真爱，只是生母之爱留在了记忆里，或许进入了冬眠状态。

由最早最亲密的生母到后来更多的亲人，特别是身边爱他的人也是教育他的人，对他的直接影响越来越大，本能的性意识由口腔期过渡到肛门期，也就是说由自我放任期进入到他我约束期，这个阶段是他进入幼儿期，意识发育的显意识时期，性的成分几乎没有了。达·芬奇还把这份爱转化为艺术创造的动力，1476年完成了他艺术道路上里程碑式的作品《拈花圣母》，

---

① ［奥地利］弗洛伊德：《弗洛伊德论美文选》，张唤民、陈伟奇译，知识出版社，1987年版，第71页。
② ［奥地利］弗洛伊德：《弗洛伊德论美文选》，张唤民、陈伟奇译，知识出版社，1987年版，第83页。

画中那位看上去二十八九的女人就是他继母的化身,他与其说是在歌颂"圣母"的伟大,不如说是在表现"生母"的温馨,爱的主题得到了升华。

最后是艺术的"大爱"阶段。

在1476年那幅《拈花圣母》里已经很明显表露出达·芬奇对"性"与"爱"关系的审美式处理了,似乎他要借这幅画消解掉性的成分,而蜕变为纯粹的爱的意识,其实是很难做到的,或者说是根本做不到的。达·芬奇幼小时烙下的"俄狄浦斯情结"是不可能轻易就消散的,它还会在不经意间冒出来。他1503年至1517年创作的举世名画《蒙娜丽莎》,又再一次把压抑下去的"性",借助艺术形式而"浮出水面"。

弗洛伊德说这幅画唤起了画家现在对他童年早期的母亲记忆,那个神秘而诱惑的微笑和略微上扬的嘴角,充满着世俗的轻佻与放纵;他还认为画里呈现的"母爱在完满的爱情关系中,不仅实现了所有的精神愿望,而且满足了所有的肉体需要;如果母爱代表了一种可以达到的人类幸福的形式,在很大程度上应该归功于它能够满足于充满希望的冲动,而不受到谴责,这些冲动长期被压抑,它们常常被称作堕落"[1]。如果不是弗洛伊德犀利的目光,我们还真难发现崇高而神圣的"大爱"背后,依然有炽热的"欲火"在燃烧,可见"列奥纳多(达·芬奇)像一个在黑夜中醒得太早的人,而其时别人都还睡着"[2]。这与其说是在评论达·

---

[1] [奥地利]弗洛伊德:《弗洛伊德论美文选》,张唤民、陈伟奇译,知识出版社,1987年版,第85页。

[2] [奥地利]弗洛伊德:《弗洛伊德论美文选》,张唤民、陈伟奇译,知识出版社,1987年版,第89页。

芬奇的意义,不如说是在祖露弗洛伊德自己的心声。

第二节　发现幽默的魅力

它是理趣的会心一笑,无须多余的言语能让人如沐春风。
它是智慧的灵光一现,只需精妙的言辞就让人如饮纯蜜。
这就是集语言与智慧于一体的幽默。

美学家陆扬说:"假如我们是天使,林语堂说,便不需要幽默,我们将整天翱翔在天际唱赞美诗。不幸我们是生存在介于天使和魔鬼之间的人世间,人生充满了悲哀与忧愁,那就需要幽默,以促人发挥潜力,复苏精神。"[1]弗洛伊德深知里比多的粗野和潘多拉的狡黠,需要借助幽默来实现"自我受到超我残酷的强制与在受到这个压抑之后的自我解放"。[2]

幽默——魔鬼和天使相会人间,"度尽劫波兄弟在,相逢一笑泯恩仇。"

一、健全心理动力机制

从美学种类看,幽默属于喜剧范畴。弗洛伊德心理治疗,主要是医生与患者在对话中进行,因而不时会穿插笑话、逗乐、幽默,让病人在享受语言的乐趣中恢复心理健康。

弗洛伊德对幽默的关注始于1905年发表的《开玩笑及其与无意识的关系》(张增武、阎广林的译本叫《机智及其与无意识的

---

[1] 转引自蒋孔阳:《蒋孔阳全集》4,上海人民出版社,2014年版,第415页。
[2] [奥地利]弗洛伊德:《弗洛伊德论美文选》,张唤民、陈伟奇译,知识出版社,1987年版,第145页。

关系》,1989年上海社会科学院出版社出版,其实"机智"更接近"幽默"的意思)。例如约翰·福斯塔夫先生就是莎士比亚在他的戏剧《亨利四世》里塑造的一个幽默人物,并指出"我可以自我欣赏幽默乐趣而经常感觉不到有必要把它告诉给别人"[1]。说明幽默具有给人带来心理愉悦的效果。

心理学认为人的心理不是一潭死水,而是动荡不已,并能将外在的刺激转化为情绪和意志的正能量,形成健全的心理动力机制。按照弗洛伊德的观点,生活中的每个人由于种种原因,心理都是有或多或少疾病的人,如不及时有效克服,就有可能酿成焦虑症、抑郁症、狂想症等,让心理动力停滞不前,甚至向后倒退。为此,他在《开玩笑及其与无意识的关系》里提出了一个著名的"感情消耗的节约"说法,并在《论幽默》里予以完善。"我的目的就是要发现从幽默中获得快乐的源泉,我认为我当时只能够说明幽默的快乐的产生,是出于感情消耗的节约。"[2]在日常生活中,不论是反抗压抑,还是释放性力,抑或是创造艺术,人们都要消耗很多情感,久而久之就会心力交瘁、精神萎靡、情绪低落。为了降低这类情感消耗,就得补充消耗了的情感,而一句玩笑一类的幽默就能给人带来快乐。这里不是说幽默具有逢凶化吉、转危为安的神奇作用,而是说它是滋润生活的润滑剂、化解焦虑的降压药。当然这种以语言艺术表现出来的幽默,在他的临床实践中会产生立竿见影的效果。

---

[1] [奥地利]佛洛伊德:《机智及其与无意识的关系》,张增武、阎广林译,上海社会科学院出版社,1989年版,第208页。

[2] [奥地利]弗洛伊德:《弗洛伊德论美文选》,张唤民、陈伟奇译,知识出版社,1987年版,第141页。

在《论幽默》里,他举例说:"一个被人带到绞刑架前的罪犯说:'哦,这个星期开始得多美。'这时他自己就创造了幽默;幽默过程完成于他自己的身上,并且明显是向他提供了某种满足感。"[①]这个罪犯的幽默是面对死亡的智慧,这时死亡已不可避免,而幽默努力做到降低"情感消耗的节约",不让恐怖的情感伴随生命的最后一程。罪犯是幽默的创造主体,也是欣赏主体,其他的人都只能算是分享主体,他的这个幽默于他而言舒缓了死亡的心理压力,于他人而言释放了悲悯的人伦情怀。大家都冲淡了死亡带来的本能的恐惧,获得了幽默的喜剧效果,尽管不能改变事实的结果,但是能暂时麻痹自我心理。

这种"情感消耗"是如何"节约"的呢?弗洛伊德假设了一次对话场景,一群听众中的某一个人已经明白了讲话人在有意识地引导他的情感,"将愤怒,将抱怨,将诉苦,将受吓或受惊,甚至或许将处于绝望之中;听众准备跟着某人的引导在自己身上唤起同样的感情冲动。"但是,讲话人轻松地转移了话题,让某人的负面的感情期待落空了,"这个某人表现得无动于衷,只是开了一个玩笑。这种在听众身上节约下来的感情消耗就变成了幽默的快乐。"[②]不利于正常健康心理动力的,如愤怒、抱怨、诉苦、惊吓,甚至绝望的情感被提前终止进程或降低强度了。

幽默能够有效地节约情感能量的消耗,并促进心理动力机制的健全,既符合亚里士多德的"诗学"理论,也吻合霍布士的

---

① [奥地利]弗洛伊德:《弗洛伊德论美文选》,张唤民、陈伟奇译,知识出版社,1987年版,第142页。
② [奥地利]弗洛伊德:《弗洛伊德论美文选》,张唤民、陈伟奇译,知识出版社,1987年版,第142页。

"人性"美学。亚里士多德是从喜剧的建构来阐释幽默的,他说:"滑稽的事物是某种错误或丑陋,不致引起痛苦或伤害,现成的例子如滑稽面具,又丑又怪,但不能使人感到痛苦。"①或许滑稽侧重于动作,而幽默主要是语言,具有诗歌一样的语言艺术的语言,如言此意彼、同音双关、夸张修辞、自我嘲解等,但实质都是以轻松愉悦的方式,达到喜剧艺术的美学效果。霍布士从爱慕虚荣的人性出发阐述了幽默的"笑":"笑的情感不过是发现旁人的或自己过去的弱点,突然想到自己的某种优越时所感到的那种突然荣耀感。"②一般而言,幽默的主体也许不一定有很高的地位,但一定有很高的情商,他善于通过一句话,在笑声中消除误会、化解矛盾、避免尴尬,达到融洽关系、增进情感的目的。

幽默之所以会有如此"四两拨千斤"的效能,因为现代心理学也已印证了亚里士多德的这一观点。"任何一种情感,当超过一定强度时,就会对心理带来不良影响,甚至会使人失掉理智的作用和自制的功用。"③弗洛伊德本着健全心理动力机制,提出了"感情消耗的节省"的看法,这也与他的"心理防御"理论密切相关。而幽默是指当人们遇到困境的时候,选择一种有助于缓和紧张或恐怖气氛,用受人们欢迎的轻松方式来面对它,从而维持自身内在的心理平衡。幽默可以使当事人在面对困境的时候既能保护自己的自尊和地位,又维持彼此的尊严和面子。美学

---

① 亚里士多德、贺拉斯:《诗学·诗艺》,罗念生、杨周翰译,人民文学出版社,1962年版,第16页。
② 转引自朱光潜:《西方美学史》上卷,人民文学出版社,1979年版,第209页。
③ 转引自克雷奇等:《心理学纲要》,周先庚等译,文化教育出版社,1980年版,第394页。

家朱光潜对此评说道:"弗洛伊德的话大半是前人所已说过的。他的新贡献只在拿'节省心力'和'解除压抑'两层道理来解释过剩精力所由来。"①如此才能在人际交往中避免尴尬和难堪、痛苦和烦恼的感受,节约正当和正常的情感,维持心理动力机制的运行。

所以,为了我们的身心健康,任何一种情感都要节制,尤其是那些负面情绪。通过幽默的运行,我们能够很好地将这些情绪清除出我们的身体,然后给我们带来感官和心灵的欢愉舒畅。

二、表现主体幽默态度

弗洛伊德在《论幽默》一文中,至少有十次用了"幽默态度"这个概念,对此,不能不引起我们的重视。他为何要频繁使用这个概念,何谓"幽默态度",他没有给出一个定义,但他还是给予了解说:"我们可以说幽默态度,不管它存在于什么之中——或者针对主体自己,或者针对其他人,都可以认为它给采取幽默态度的人带来了快乐;并且,类似的快乐也被不介入的旁观(听)者所分享了。"②从这个解说看,弗洛伊德的"幽默态度"是围绕幽默主体而存在并产生效果的,即某个人有了制造幽默的想法,不论是针对自己的"自嘲",还是针对他人的"玩笑",都是为了给本人、他人和旁人带来快乐,从而形成了制造者主体、接受者主体,及其旁听者主体的三重主体较为稳定的心理倾向。他们作为幽默的主体在认知、情感和行为三个维度上表现出幽默态度。

---

① 朱光潜:《朱光潜文集》第一卷,上海文艺出版社,1982年版,第280页。
② [奥地利]弗洛伊德:《弗洛伊德论美文选》,张唤民、陈伟奇译,知识出版社,1987年版,第142页。

那我们就分别从这三个维度上,来剖析弗洛伊德提出的"幽默态度"。

首先,如何认知幽默的本质。

弄清楚了这个问题,才能真正明白幽默如何通过制造主体在一定的场景和氛围中产生出来,并引起在场人们的共鸣和呼应,这也是我们的人生中为什么需要幽默,有无幽默尽管不影响劳作和生活,但如果我们不仅能制造幽默,而且能享受幽默,那么,只要一瞬间,就能让陌生的人物心心相印,尴尬的处境和烦恼的事务烟消云散。这仅仅是语言的技巧吗?这仅仅是心灵的默契吗?这仅仅是智慧的体现吗?这关乎我们如何理解幽默。克罗齐的《美学的历史》转引了伏尔泰对幽默的界定:"一个人在不知不觉中流露出的这种取笑的话、这种真正的喜剧性、这种欢乐、这种文雅风度、这种令人喷饭捧腹的言词,对这种东西,英国有一个专用的词来表达:'幽默'。"[1]可见,幽默属于喜剧范畴,具有表演意味和剧场效应,通过语言艺术,给人带来快乐。

弗洛伊德说:"幽默的本质就是一个人免去自己由于某种处境会得自然引起的感受,而用一个玩笑使得这样的感情不可能表现出来。就此而言,在幽默家身上发生的过程必须与在听众身上发生的过程相吻合——或者,更确切地说,在听众身上发生的过程必须相仿于在幽默家身上发生的过程。"[2]这里,作为主体的幽默家和听众在知识量上等量齐观,理解力上同频共振,在

---

[1] [意大利]克罗齐:《美学的历史》,王天清译,中国社会科学出版社,1984年版,第183页。

[2] [奥地利]弗洛伊德:《弗洛伊德论美文选》,张唤民、陈伟奇译,知识出版社,1987年版,第143页。

感受性上感同身受,所谓"身无彩凤双飞翼,心有灵犀一点通"。幽默的美感本质,一定要体现在这些地方:人际交流的场域性,一个人是构不成幽默的,至少是发生在两个人以上的交流场所。语言运用的艺术性,要么巧设机关,引蛇出洞;要么言此意彼,旁敲侧击;要么明修栈道,暗度陈仓;要么退避三舍,反戈一击。现场效果的即时性,一语既出,当即获得满堂喝彩,说者听者都心领神会,无须任何画蛇添足式的补充和解释。

其次,如何释放幽默的情感。

幽默追求的是快乐,而快乐本身就是一种愉悦情感的释放。《辞海》这样阐释幽默:"以轻松、戏谑但又含有深意的笑为其主要审美特征,表现为意识对审美对象所采取的内庄外谐的态度,通常运用滑稽、双关、反语、谐音、夸张等表现手段,把缺点和优点、缺陷与完善、荒唐与合理、愚笨和机敏等两极对立的属性不动声色地集为一体,在这种对立的同一中见出深刻的意义或自嘲的智慧风貌。"在或开心一笑中,冰释前嫌,或会心一笑中,心领神会,或粲然一笑中,若有所思。这笑声是如何产生的呢?弗洛伊德在和我们一道追问:"幽默家是如何造成一种精神状态以便释放过剩的感情的?他采取'幽默态度'的动力是什么?"[1]对这些问题的回答,直接关乎幽默的情感是如何释放的。

幽默要释放幽默的制造主体和接受主体的哪些情感呢?一方面是创造主体的自我欣赏情感,集主体与对象于一身的幽默人,他能信手拈来一个幽默,就证明了他内心的强大、智商的高超,在旁人的笑声中,或许他依然"一脸蒙圈"的表情中,极大地

---

[1] [奥地利]弗洛伊德:《弗洛伊德论美文选》,张唤民、陈伟奇译,知识出版社,1987年版,第143页。

满足了虚荣心,"在于自恋的胜利之中,在于自我无懈可击的胜利主张之中"①完成了一次不动声色的自我欣赏。另一方面是接受主体的坚持快乐原则,一次幽默不仅是自恋的独角戏,更是众人参与的广场舞,"它包括沉醉、自我忘情和心智狂乱",它更是"拒绝受痛苦,强调他的自我对现实世界是所向无敌的,胜利地坚持快乐原则"。② 在这个幽默场域里,彼此心心相印、高度默契,把刚才发生的或将要发生的危机与惊险、矛盾与冲突、尴尬与难堪等不愉快的情感,予以不动声色的化解和了无痕迹的抹掉。既体现创造主体的真情,又表达接受主体的实感。

最后,如何完成幽默的行为。

作为一种幽默态度,仅有认知和情感是不够的,还必须落实到幽默的行为中,如此才形成一个完整的"幽默态度",因为"幽默"在本质上是一次行动。幽默的行为在不同文化中有着不同的表现形式,在中国文化中,幽默常常与讽刺相结合,用于批评社会现象,如《儒林外史》;在西方文化中,幽默常和调侃相结合,如奥斯汀的《傲慢与偏见》,嘲笑了人性弱点。这些幽默表达不仅让人发笑,还能引发深思,揭示了审美差异和民族性格,具有深刻的社会和文化意义。幽默的行为林林总总,但其根本原因则是他所认为的:"一个人为了防止可能的痛苦而对自己采取幽默态度。"③幽默态度导致幽默行为,而这个幽默行为又是如何

---

① [奥地利]弗洛伊德:《弗洛伊德论美文选》,张唤民、陈伟奇译,知识出版社,1987年版,第143页。
② [奥地利]弗洛伊德:《弗洛伊德论美文选》,张唤民、陈伟奇译,知识出版社,1987年版,第144页。
③ [奥地利]弗洛伊德:《弗洛伊德论美文选》,张唤民、陈伟奇译,知识出版社,1987年版,第144页。

完成的？注意这里的"完成"是逻辑意义上的"完成",而非实践意义上的"完成"。

弗洛伊德把这个问题又通过儿童和成年人的比较予以说明。"一个成年人认识到并嘲笑了在孩子看来是如此巨大的兴趣和痛苦,因为这些兴趣和痛苦其实是微不足道的。"[1]由于幽默是一个人心智成熟后才能发生的现象,它主要依托的工具是语言,是对生活语言的艺术加工而即时产生的审美效果。儿童是不会也没有幽默能力的,儿童的某些"萌态"是他的自然行为,是成年人视之为的"幽默"。置身饥饿、寒冷一类的痛苦时,他只能以身体动作表示不满,他不会将它转换为幽默的。幽默的行为主体是文化的象征和地位的显示,是因为他有话语权,能"摆平"这场尴尬和"化解"这次危机,所以,幽默主体"由于担任了成年人的角色,在某种程度上使自己以父亲自居,并且使别人处于儿童的地位,幽默者就将获得他的优越地位"。[2] 可见,幽默行为的完成,是一次心理活动的过程,还是一次审美体验的过程,更是一次精神蜕变的过程。

三、促成人的自我解放

怎样认识幽默的美学意义,有三个思考的路径。

宏观而言,不同的文化背景有不一样的幽默表现。西方人喜欢在各种场合自然地运用幽默,无论是正式场合还是非正式

---

[1] [奥地利]弗洛伊德:《弗洛伊德论美文选》,张唤民、陈伟奇译,知识出版社,1987年版,第144页。

[2] [奥地利]弗洛伊德:《弗洛伊德论美文选》,张唤民、陈伟奇译,知识出版社,1987年版,第144页。

场合,幽默都能被广泛接受和使用,偏重于理性认同的效果获得;而中国人则更多地在非正式场合运用幽默,尤其是在家庭和朋友之间,含蓄的幽默更能引起情感共鸣,而正式场合中,中国式的幽默可能会被视为不礼貌或不合时宜。

中观而言,主要体现在其独特的审美特性上,幽默作为一种基本美学范畴,其核心在于"内心静默的理会"的机智和"王顾左右而言他"的机巧,即在理智上接受现实的同时,在情感上超越现实,从而淡化或缓解现实与理想、理智与情感、社会与个体之间的冲突。

幽默在微观层面上的美学意义就体现在弗洛伊德的精神分析理论中。"幽默比机智更接近于喜剧性,和喜剧性一样,它的心理范围局限在前意识中。"[1]前意识犹如一个哨兵,一方面"报警"无意识的肆意侵入,比如限制里比多的泛滥成灾;另一方面"开启"进入意识的通道,把尴尬置换为舒畅,将烦恼转换为快乐,从而消除精神疾病,促成健康心理,畅通人类自我解放的"心路历程"。

首先是心理问题的自我疗救。

心理疾病就像身体生病一样,是我们每个人一生中避免不了的病害,疾病一定意义上成了人类生命的陪伴,而在弗洛伊德眼中由原欲受压而导致的精神患病,更是比比皆是,甚至习以为常,特别是性苦闷而使得发病率几乎无人可免。据说他在临床过程中,对那些精神抑郁的患者讲过,人生有两大快乐:一是没有得到你心爱的东西,可以寻求和创造;另一是得到了你心爱的

---

[1] [奥地利]佛洛伊德:《机智及其与无意识的关系》,张增武、阎广林译,上海社会科学院出版社,1989年版,第214页。

东西,可以去品味和体验。用这样富有人生哲理而又正反都正确的幽默说辞,告诉患者不论得到与否,人生都是快乐的,给我们揭示出了一个浅显而深刻的道理:快乐往往来自对未知的追求和对已知的享受。

他还以治疗抑郁症和妄想症为例,说明恰到好处的幽默,让病态的"心理结构的一个力量转移到另一个力量上去",[①]即是从紧张和压抑的心理结构,借助于幽默而转移到舒畅和轻松的心理结构上去。这个过程中心力交瘁的自我受到代表社会意识和文明规则的超我引导,通过积极而乐观的"心力贯注",在幽默所制造的愉悦氛围中,切实享受简单而自然、轻松而愉快的美好,从而释放本我的原欲,转移自我的苦恼,完成心理疾病的自我疗救。英国有句谚语:"一个小丑进城,胜过一打医生。"说的就是仅靠药物治疗是有限的,而通过观看滑稽戏、马戏和喜剧来保持愉快的心情,最终患者的健康状况有了显著改善。

其次是人格层面的精神解放。

人格构成的本我、自我和超我是弗洛伊德精神分析理论的重要内容之一,在三者的关系中,如果说本我是无意识,自我是前意识,而超我才是现实生活中的意识。而现在的问题是,本我弱小到可以忽略不计,自我又被社会理性所压抑,而超我又太强大而完美了。一个人在一般情况下,既不可能退回到本我,又很难升华到超我,只有自我在孤苦伶仃地徘徊。于是弗洛伊德提出了要努力实现"自我受到超我残酷的强制与在受到这个压抑之后的自我解放",并通过幽默的作用"转移可以用来说明属于

---

① [奥地利]弗洛伊德:《弗洛伊德论美文选》,张唤民、陈伟奇译,知识出版社,1987年版,第145页。

正常精神活动的全部现象"①,即回到一个真实而自由的自我才是现实人格的必由之路和可达愿景。

结合弗洛伊德的心理治疗经历,他面对的基本上都是有心理障碍的病人,而治愈他们是医生弗洛伊德的本职工作。他又善于根据精神分析理论建构的人格结构来进行病理学反思。"我以为,如果我们考虑到我们对自我结构的病理观察中了解到的知识","这个自我不是一个简单的实体。它里面包含着一个作为其核心的特殊力量——超我。"②这里的"自我结构"是指自我一头连着追求快乐原则的本我,一头又连着追求至善原则的超我,而自我虽然要受制于现实原则,但是超我随时督促和要求它超越自我进入超我。真实的自我在这左右为难的处境中,最佳且合理的选择就是"幽默态度",以此实现人格层面的自由而获得精神解放。

最后是喜剧艺术的美学贡献。

从审美的分类看,幽默属于喜剧美学范畴。德国哲学家、美学家里普斯说幽默"是一种在喜剧被制约于崇高感的情况下产生的混合感情,这是喜剧性中的,并且通过喜剧性产生的崇高感"③。弗洛伊德也说:"就像玩笑和喜剧一样,幽默具有某种释放性的东西;但是,它也有一些庄严和高尚的东西。"④崇高感也

---

① [奥地利]弗洛伊德:《弗洛伊德论美文选》,张唤民、陈伟奇译,知识出版社,1987年版,第145页。
② [奥地利]弗洛伊德:《弗洛伊德论美文选》,张唤民、陈伟奇译,知识出版社,1987年版,第144页。
③ 《古典文艺理论译丛》第七集,人民文学出版社,1961年版,第91页。
④ [奥地利]弗洛伊德:《弗洛伊德论美文选》,张唤民、陈伟奇译,知识出版社,1987年版,第143页。

罢,高尚的东西也罢,都说明有意义的幽默,决不是低级趣味的插科打诨。因为作为美学概念的幽默,它是喜剧的一种特殊样式。就喜剧的美学特征而言,是要产生一种具有审美价值的笑。因为笑是幽默的外在表现,使人们在愉快的笑声中得到启迪,受到美的陶冶,获得美的享受。

弗洛伊德的幽默理论对美学的贡献,是建立在深层心理学的无意识理论基础上的。他发现了幽默艺术背后的真正"推手"。"玩笑因此正是无意识对喜剧的贡献。正是由于同一原因,幽默是通过超我的力量对喜剧作出的贡献。"①这是本我原欲受到压制,超我意识得以引导,自我遵从现实原则而体现于语言艺术,表现出生命智慧。不论是幽默运行的起承转合,还是幽默手段的插科打诨,抑或是幽默氛围的轻松愉悦,幽默不但具有了戏剧意义的喜剧要素,而且释放出喜剧意义的美学精神,借助幽默的喜剧实现喜剧的幽默。著名美学家潘知常说:"喜剧是美对丑的嘲笑"——"是站在生命的至高点上鸟瞰人间一切生命活动中的丑",因此,"喜剧是一种生命的超越","喜剧是生命自由本性的绝对肯定。"②由此可见,弗洛伊德的幽默理论,不仅从无意识的深度上丰富了喜剧艺术的领域,而且从精神分析的高度上增加了生命美学的厚度。

---

① [奥地利]弗洛伊德:《弗洛伊德论美文选》,张唤民、陈伟奇译,知识出版社,1987年版,第146页。

② 潘知常:《生命美学》,河南人民出版社,1991年版,第177页。

第三节　发挥快乐的力量

尽管悲苦相伴,但弗洛伊德依然在追求快乐。

作为医生,对患者的救死扶伤是他的职业快乐;

作为学者,对精神的探幽触微是他的思考快乐;

作为丈夫,与妻子的相濡以沫是他的生活快乐。

他既身体力行地践行快乐,又殚精竭虑地思考快乐的秘笈:"在快乐原则的控制之下,也有足够的办法使讨厌的东西成为记忆和心理偏爱的对象。从实用的观点来看,美学理论应处理这些其最终目的是要获得快乐的情况……"[①]的确,快乐不会天上掉下来,而不快乐则是命中注定,他的伟大就在于,从悲本体的人生中发挥快乐的力量。

泰戈尔说:世界以痛吻我,我却报之以歌。

一、本能追求快乐

就一般意义而言,好逸恶劳、喜新厌旧和趋利避害是人类生命的本能,其中蕴含的快乐是无以言表的生命本能之快乐。

作为生命存在的人类个体,除了吃喝拉撒睡而带来的本能快乐外,弗洛伊德还将本能的满足视为维系生命存在的快乐。"我们把一种本能的原动力理解为驱动它的因素,是本能存在所需要的力的大小,或能量的多少。"因此他得出一个结论:"本能

---

① [英]约翰·里克曼编:《弗洛伊德著作选》,贺明明译,四川人民出版社,1986年版,第199页。

的目标总是寻求满足。"[1]如果这样来理解弗洛伊德的本能理论,尤其是性本能满足,那么就会泯灭人与动物的根本区别,但他是基于人是社会性动物来阐释他的本能理论的,逐渐将"性"的满足嬗变和升华到"爱"的实现,并且由性的自我满足延展到爱的对象满足。"于是'爱'这个词就成为自我及其对象之间纯粹快乐关系中最深的一种,从狭义上理解最终使自己依附于性欲的对象以及能够满足升华的性欲本能所要求的对象。"[2]这应该是较为客观地理解弗洛伊德的"本能快乐"说,如此,我们才能够完整地把握他在《弗洛伊德论美文选》中所阐述的本能与快乐的准确内涵。

首先,快乐本能的起因。

如俄狄浦斯的"弑父娶母"情结就包含着儿童在懵懂状态中对剥夺他性快乐的父亲的抵触和厌恶,对能给他带来性快乐的母亲的亲近和向往,这是为快乐而快乐的性理念。在《〈俄狄浦斯王〉与〈哈姆雷特〉》一文里,弗洛伊德引用了索福克勒斯《俄狄浦斯王》里老王后伊俄卡斯忒讲述的一个梦境:

> 过去有许多人梦见娶了自己的生母。
> 谁对这种预兆置之不顾,
> 他就能过得快活。

---

[1] [英]约翰·里克曼编:《弗洛伊德著作选》,贺明明译,四川人民出版社,1986年版,第101页。

[2] [英]约翰·里克曼编:《弗洛伊德著作选》,贺明明译,四川人民出版社,1986年版,第113页。

俄狄浦斯的"弑父娶母"是代表人类命运的神灵在冥冥之中安排就绪的,俄狄浦斯的每走一步和最后结局都是命中注定了的,他的无意识行动就是人类的无意识表现,所以无意识是包括性快乐在内的快乐本能的"命中注定"。

在弗洛伊德的人格结构三层次中,远离超我控制、处自我监督的本我在无意识领域受快乐原则支配,它凭借生物生命的本能行事,其中性的本能因其快乐无比,随时渴望摆脱自我。由此看来,为快乐而快乐的生命本能是与文明规则无关,甚至是反文明的"生命欢歌",但它与动物的纯粹性活动不一样,以儿童为代表的人类对性快乐的追求,在弗洛伊德看来是文明压抑的结果。有学者指出:"自弗洛伊德以来,性主要是享乐的事情这一信念已成为老生常谈。的确,性活动是我们能达到'纯粹快乐'的最直接的东西。"因而"弗洛伊德带有革命性的性概念也太极端"了[①]。尽管我们都知道,本能的快乐不仅是性,还有吃喝拉撒睡等,弗洛伊德的本能快乐也升华到了爱,这些都是意识形态的结果,但我们不要忘记了,他这里是从深层心理学的无意识领域说起的。快乐本能起源于无意识,无疑是弗洛伊德了不起的贡献。

其次,快乐本能的表现。

为了更好地追求快乐是生命的本能,弗洛伊德最擅长从"幼儿性研究"入手来解开其中的奥秘,这属于生命在无意识状态中对快乐的本能追求。"把我们母亲的(或奶妈的)乳头放进我们的嘴里吮吸。这一经历的器官印象——我们生命中第一个快乐

[①] 熊哲宏:《心灵深处的王国——弗洛伊德的精神分析学》,湖北教育出版社,1999年版,第109、108页。

的源泉——无疑永远铭刻在我们心上。"[1]和成年人不一样的是,幼儿性快乐是替代性的快乐,它与吃喝这类生理满足一样。美国作家诺尔曼·布朗在《生与死的对话》里认为:"弗洛伊德对性本能下的定义表明,他所说的性欲是某种非常普遍的一般的东西。它实际上是人据以追求快乐的能量或欲望,只是在进一步特化之后,对快乐的追求才成为人体某个器官的愉快活动。"[2]

如果仅仅局限于此,那么弗洛伊德就是"泛性论"的代言人了。他以达·芬奇的那个童年记忆为例,详尽分析了艺术家的性本能受到压抑后,甚至发展到"不近女色",只能转移到科学研究和艺术创造上,在这两个领域里表现出极大的热忱,指出:"一个人应该这样去爱:抑制感情,使它隶属于反应过程,只有当他面对思想的检验,才可以让它通过。"[3]由本我的性到超我的爱,弗洛伊德将自然界的性本能升华为社会式的爱本能,通过他对达·芬奇的升华案例,说明爱的本能不能狭义地理解为男女性情的爱,而是由这种相互取悦扩展到对工作与事业的广义的爱。这种爱避免了精神疾病的出现,也不属于幼儿的原始情结依恋,而是"本能在为智力兴趣服务时可以自由活动"[4]。历史上包括

---

[1] [奥地利]弗洛伊德:《弗洛伊德论美文选》,张唤民、陈伟奇译,知识出版社,1987年版,第61页。

[2] [美]诺尔曼·布朗:《生与死的对话》,冯川等译,贵州人民出版社,1994年版,第125页。

[3] [奥地利]弗洛伊德:《弗洛伊德论美文选》,张唤民、陈伟奇译,知识出版社,1987年版,第51页。

[4] [奥地利]弗洛伊德:《弗洛伊德论美文选》,张唤民、陈伟奇译,知识出版社,1987年版,第56页。

达·芬奇在内的那些为人类文化作出重要贡献的人,我们之所以称赞他们是"艺术狂人""科学狂人"和"工作狂人",因为痴狂的爱所包含的快乐,外人是无从知晓,更无法体验到的。

最后,快乐本能的意义。

鉴于弗洛伊德的精神分析理论习惯从儿童早期的性欲说起,以此来考察整个人类追求快乐本能的意义。"童年的早期印象最强烈地刺激着他的视本能和求知本能;嘴的性欲发生区得到了一种强调,这种强调从此再没有被放弃。"[1]早期儿童的求知本能这里按下不表,但儿童对光线的敏感和母亲声音的敏锐是毋庸置疑的,从儿童的表情上也能够看到他的快乐;而对儿童吮吸乳房的现象分析,不但证明了弗洛伊德的性意识表现说,是儿童生命本能所体现出来的"恋母",也是无意识领域流露出的"性欲";而且也启示我们可以将"性"由狭义扩展到广义,"性者生也",这就是生存的本能,于是此时的快乐本能就是生命得到满足的快乐。

从上面的分析可知,快乐本能的意义体现在由性到爱的升华。一是狭义的"性"快乐本能在童年期是否得到满足,影响着一个人的整个生命过程。俄狄浦斯被父母遗弃,阻断了童年的幸福之路,最后走上了不归之路;而达·芬奇五岁前得到了生母的精心呵护,他是通过吮吸母亲乳房的行为和外部世界建立起性关系,长大后就将"恋母"之性升华为事业之爱。二是广义的"性"快乐本能关系到儿童成年后对生命的理解。弗洛伊德是一个善于"自我解剖"的学者,在《梦的解析》中也详细分析过他做

---

[1] [奥地利]弗洛伊德:《弗洛伊德论美文选》,张唤民、陈伟奇译,知识出版社,1987年版,第97页。

的一个与母亲有关的梦,他一生中也有着强烈的恋母情结,这与他幼儿时期母亲的爱抚和呵护不无关系。弗洛姆评说道:"弗洛伊德需要母亲无条件的爱抚、肯定、赞许和保护,他把这种需要转移到上述那些人(笔者注:指妻子、长者、同代人、弟子等)身上。"[1]以己度人,表现出弗洛伊德快乐本能中蕴含着博大而深沉的爱——生活之爱、生命之爱、人类之爱。

二、艺术创造快乐

解除人的心理疾病,是治疗师弗洛伊德的职责;

探寻人的生命快乐,是美学家弗洛伊德的使命。

在对索福克勒斯和莎士比亚的悲剧、米开朗琪罗的雕塑、达·芬奇的绘画、陀思妥耶夫斯基的小说的研究中,他发现艺术之所以能够"激发其他人的共鸣兴趣,而且也能引起并满足他们同样的无意识愿望冲动",是因为艺术"还利用了形式美的感官快乐,将其作为我所说的一种'刺激性奖励'"。[2] 长期的艺术鉴赏和与文学家、艺术家的接触,使他感悟到了艺术的宗旨是审美,审美的感受是快乐,艺术的欣赏是审美活动的快乐和快乐的审美活动。相比于其他活动也能带来快乐,但唯有艺术的快乐是由形式到内容、由感官到心灵、由当下到永恒的快乐,它不仅有助于患者心理疾病的治疗,而且有利于人类精神境界的提升。

首先,艺术创造了审美快乐。

---

[1] [美]埃利希·弗洛姆:《弗洛伊德的使命》,尚新建译,生活·读书·新知三联书店,1986年版,第20页。

[2] [奥地利]弗洛伊德:《弗洛伊德自传》,张霁明、卓如飞译,辽宁人民出版社,1986年版,第91页。

众所周知,艺术具有认识作用、教育作用、审美作用,尤其是审美作用才是艺术的根本作用和核心价值,而审美必然是满足心理—精神的愉悦活动,就这个意义而言,艺术的目的就是创造审美的快乐。他以戏剧为例说明:"戏剧的目的在于打开我们感情生活中快乐和享受的源泉"①,即使像《俄狄浦斯王》和《哈姆雷特》这样的悲剧,观众的"快乐建立在幻觉上",因为"这毕竟只是一个游戏","他可以放心地享受作'一个伟大人物'的快乐"。② 他还从精神分析的受虐心态上,分析了这种不同于亚里士多德有关"净化"和"宣泄"的悲剧快感,联系神话中的英雄悲剧,指出:"快乐似乎来自面对神的力量的较弱者的苦难——一种受虐狂满足的快乐,也是从不顾一切地坚持下去的伟大人物身上直接享受到的快乐。"③让人痛不欲生的悲剧之所以能给观众带来极大心灵震撼! 著名美学家李泽厚曾提出审美快乐的三个递进层次:"将审美分为'悦耳悦目''悦心悦意''悦神悦志'三个方面,这三个方面是人(人类和个体)的审美能力的形态展现。"④

如果我们要将艺术置于审美王国的显赫地位,那就不得不承认正是因为艺术释放和表现了我们生命的里比多。艺术的目的是追求快乐,按照弗洛伊德的说法,这种快乐的最深远、最持

---

① [奥地利]弗洛伊德:《弗洛伊德论美文选》,张唤民、陈伟奇译,知识出版社,1987年版,第20页。
② [奥地利]弗洛伊德:《弗洛伊德论美文选》,张唤民、陈伟奇译,知识出版社,1987年版,第21页。
③ [奥地利]弗洛伊德:《弗洛伊德论美文选》,张唤民、陈伟奇译,知识出版社,1987年版,第22页。
④ 李泽厚:《美学四讲》,生活·读书·新知三联书店,1989年版,第131页。

久、最强烈的原因、动力和表现是因为生命中的性力。"我必须满足于强调一个事实——我们很难再怀疑这个事实——即一个艺术家创造的东西同时也是他的性欲望的一种宣泄。"①在这个问题上,研究者们是颇有微词的,而李泽厚认为:"尽管弗洛伊德过分夸张了性欲,但包括性欲在内的人的许多生理本能在审美中是起作用的。"②好在弗洛伊德没有沉迷于肉欲,而是高度肯定了艺术的升华作用,"遵循美的规律,用快乐这种补偿方式来取悦于人——这时它们才变成了艺术作品。"③

其次,艺术创造了直观快乐。

艺术作品美感的构成遵循的是由表及里和由浅入深的"感受—思维"逻辑,它依次体现在形式美、情感美和意义美三个层次上。一般而言,一件艺术品如不能让人在第一时间产生兴趣、第一印象带来好感,是很难让一般观众继续欣赏下去的。弗洛伊德在《戏剧中的精神变态人物》里提出了一个"直观快乐"的概念,"意指纯粹形式因素所提供的美感"④;又在《作家与白日梦》里阐述了这个概念:"他向我们提供纯形式的——亦即美学的——快乐,以取悦于人。我们给这类快乐起了个名字叫'直观

---

① [奥地利]弗洛伊德:《弗洛伊德论美文选》,张唤民、陈伟奇译,知识出版社,1987年版,第98页。
② 李泽厚:《美学四讲》,生活·读书·新知三联书店,1989年版,第122页。
③ [奥地利]弗洛伊德:《弗洛伊德论美文选》,张唤民、陈伟奇译,知识出版社,1987年版,第139页。
④ [奥地利]弗洛伊德:《弗洛伊德论美文选》,张唤民、陈伟奇译,知识出版社,1987年版,第27页注。

快乐'。"①这既是艺术的美感,也是生命的愉悦。他把这种快乐称为"美学快乐",就表明了他的美学观首先是表现在感性层面的形式美,其次是能激起快乐情绪反应的情感美,最后才是生命愉悦的诗意般的哲理美,仅就此而言,说弗洛伊德的美学属于生命美学是毋庸置疑的。当然,这里是就他对艺术美的理解而表现出来的生命美学见解。

再有,他对里比多的强调,并将此与艺术的感性形式发生关联,更体现出他生命美学的深层内涵。他说:"伟大的艺术家多么经常地通过性的,甚至赤裸裸的猥亵的画来抒发他们的幻想,以此得到快乐。"②是否是"猥亵画"是一个见仁见智的问题,但毋庸置疑地这体现了他追求生命感性快乐的美学观。在对艺术创造了"直观快乐"的理解上,如果说里比多是它的根本原因或深层意义的话,那么艺术作品中的经典表情细节就是它的内容体现或主题折射。他解读达·芬奇的《蒙娜丽莎》,不仅画中的女主角给人带来"直观快乐",而且她那"微笑"更是有直观背后的深意,"表现了一千年来男人期望着的富于表情的风采"③。还有如何理解米开朗琪罗创作的《摩西》介于愤怒和宁静之间的复杂表情,这是一种"有意味"的"直观快乐",弗洛伊德引述了一个叫格里姆的鉴赏家的理解:"摩西的'形象充满了庄严、自信,

---

① [奥地利]弗洛伊德:《弗洛伊德论美文选》,张唤民、陈伟奇译,知识出版社,1987年版,第37页。
② [奥地利]弗洛伊德:《弗洛伊德论美文选》,张唤民、陈伟奇译,知识出版社,1987年版,第49页。
③ [奥地利]弗洛伊德:《弗洛伊德论美文选》,张唤民、陈伟奇译,知识出版社,1987年版,第81页。

和所有天上的雷声都在他的控制之下的那种感情'。"①可见,这种快乐来自艺术形象的理解和主题的领悟。

最后,艺术创造了想象快乐。

优美的感性形式和深邃的理性思想是艺术给人带来审美愉悦的两极,而连接它们的是情感和想象。由于充满性力的情感本身就是快乐的重要组成部分,此不详述;这里重点论述弗洛伊德论及的艺术能够创造想象的快乐。鉴于"作家想象中的世界的非真实性"属性,"假如它们是真实的,就不能产生乐趣,在虚构的戏剧中却能产生乐趣。"②艺术的虚构之所以能产生快乐,是因为它超越了真实性而具有丰富的想象性。的确,生活的真实是美丑并存的,而艺术的真实是艺术家根据一定的审美理想,又通过审美想象创造的审美真实。如李白面对"日照香炉生紫烟,遥看瀑布挂前川",在"飞流直下三千尺"夸张的基础上,再想象出"疑是银河落九天"的壮丽。因此,弗洛伊德说,我们应该"感谢艺术家的想象——象征和替代能够唤起真正的情感"。③这个"真正的情感"就是发自一个人内心深处的喜悦和欣慰、赞颂和爱慕的快乐情感。

在弗洛伊德的快乐理论中,如果说他对"里比多"本能的看重传递出了他的生命理念是"为本能而快乐",那么,他对"白日梦"想象的重视说明了他的艺术观念是"在想象中快乐"。他是

---

① [奥地利]弗洛伊德:《弗洛伊德论美文选》,张唤民、陈伟奇译,知识出版社,1987年版,第118页。
② [奥地利]弗洛伊德:《弗洛伊德论美文选》,张唤民、陈伟奇译,知识出版社,1987年版,第30页。
③ [奥地利]弗洛伊德:《弗洛伊德论美文选》,张唤民、陈伟奇译,知识出版社,1987年版,第140页。

这样理解想象力的:"想象力的王国被看作是在快乐原则向现实原则进行痛苦过渡期间所设立的一块'保留地',其目的是给在现实生活中不得不放弃的本能满足提供一种替代物。"[1]作为"替代物"的艺术为何是这样的呢?因为"艺术家同神经症患者一样,从不能满足的现实中退出而进入这一想象的世界;但是,与神经症患者不同的是,他知道怎样从这一想象力世界中退出,再一次在现实中站稳脚跟"。[2]难怪凡是具有超凡想象力的诗人,常常被人视为"狂人"。他在用想象力创造快乐的同时,读者也能在阅读体验中享受快乐。

三、生活需要快乐

人们常说,追求快乐只需要一个理由,而放弃快乐追求却要有若干个借口。

弗洛伊德认为,追求快乐源于生命的本能,而放弃快乐则来自精神的痛苦。

弗洛伊德的一生,看见了太多的心理疾病患者,经历了太多的种族歧视遭遇,有过不应该有的学生背离、同道背弃,加上晚年又患上口腔癌、暮年还流落他乡,但这些都没有给弗洛伊德留下心理阴影,反而促使他加倍地追求快乐的生活。这里的生活不是一般意义上的工作以外的狭义生活,而是包括了家庭、事业和个人兴趣的广义生活,正如他在自传的"跋"里说的:"在我的

---

[1] [奥地利]弗洛伊德:《弗洛伊德自传》,张霁明、卓如飞译,辽宁人民出版社,1986年版,第90页。

[2] [奥地利]弗洛伊德:《弗洛伊德自传》,张霁明、卓如飞译,辽宁人民出版社,1986年版,第90页。

发展过程中,一些曾经很纷乱的思路现在已经开始清晰起来。我在后半生中所获得的一些兴趣已经减弱,而那些较早的和最初的兴趣却再一次变得重要起来。"[1]减弱的是有关收藏和旅游的兴趣,而增强的是他青年时的立志从医和献身科学的志趣。就这个意义而言,弗洛伊德是人生的"赢家",他将医疗工作、科研事业和个人兴趣完美结合起来了,更何况他还有关爱他的父母、孝顺他的儿女。

弗洛伊德是怎样发挥快乐的力量的呢?

首先,他在推己及人中体验生活快乐的意义。

中国古代文论家最为认可的是"文如其人""作文如作其人",尽管弗洛伊德不是专业的美学家,但这本《弗洛伊德论美文选》当之无愧地证明了他是第一流的美学家,是杰出的生命美学家,书中收录的文章都是他医疗实践经验的总结和理论思考的结晶。中文译者在序言里说道:"作为一个伟大科学家所必须具备的丰富的内心感受、坚韧不拔的攀登精神和不为舆论所压制的勇敢精神,构成了他生活中最感人的一章。"[2]这都是源自他对生活之美的发现并全身心地热爱,实践证明他已经超越了"生活中不是缺少美,而是缺少发现美的眼睛",他更有热爱生活之美的行动。

不但如此,他还能推己及人并恰如其分地分析他的研究对象达·芬奇的生活遭遇。尽管达·芬奇是一个私生子,但得到

---

[1] [奥地利]弗洛伊德:《弗洛伊德自传》,张霁明、卓如飞译,辽宁人民出版社,1986年版,第102页。

[2] [奥地利]弗洛伊德:《弗洛伊德论美文选·译者序》,张唤民、陈伟奇译,知识出版社,1987年版,第2页。

了生母无微不至的疼爱和呵护,五岁后回到亲生父亲家里,继母和他的祖母也给予了他温馨而温暖的爱。弗洛伊德通过达·芬奇的传记知道了这位大家成长在一个愉悦而温情的家庭环境,享受到了生活的快乐,至于他的"恋母"情结而终生不娶,甚至有同性恋倾向,这都丝毫不能影响他个人生活——至少是在成长时期生活的快乐,更不能削弱,乃至降低他作为一个伟大的艺术家和发明家的地位。还以《蒙娜丽莎》为例,揭示了"有可能在这些形象中列奥纳多呈现了他孩提时的愿望——对母亲的迷恋——好像在这个男性本质和女性本质的充满幸福的结合中实现了"①。这里,再一次证明了艺术是生活的真实反映。因为"我们每一个人都只能与无数生活的实验中的一个相符合"②,如果说艺术是生活的象征的话,那么能够与生活相符合的艺术一定是生活之美——生活的快乐之美的反映。

其次,他在追根溯源里延续童年快乐的价值。

弗洛伊德因为有一个快乐的童年而成为一个伟大的美学家,达·芬奇由一个备受呵护的私生子成为一个伟大的艺术家,这说明了拥有一个被爱意沁润的童年对一个人生命成长的意义,"它对他以后的全部生活都有着决定性的影响",③虽然这里他指的是"恋母"一样的性力的潜移默化作用,也正是儿童在"人之初"时就在无意识中体验到生命的最大快乐,构成了他快乐童

---

① [奥地利]弗洛伊德:《弗洛伊德论美文选》,张唤民、陈伟奇译,知识出版社,1987年版,第86页。
② [奥地利]弗洛伊德:《弗洛伊德论美文选》,张唤民、陈伟奇译,知识出版社,1987年版,第102页。
③ [奥地利]弗洛伊德:《弗洛伊德论美文选》,张唤民、陈伟奇译,知识出版社,1987年版,第70页。

年的最隐秘的"卧底",随着他的成长,"这种依恋在童年期间由母亲太多的温情所唤起或所激励,又进一步被父亲较小的作用所加强。"①如果说母亲的爱源于生命本能之爱,那么父亲的爱则出于生命成长之爱,刚柔相济的双管齐下,让童年的快乐格外充实而丰富。

由于弗洛伊德的职业和经历,使得他明白快乐之于人生的意义,发挥快乐的作用只有从"娃娃抓起",它才能产生持续的影响力和具有发展的后劲。他进一步说道:"如果一个人在他的童年时期享受到了高度的、再不可得的性快乐,那么,要扯断与童年的联系的过程将多么缓慢。"②不仅是缓慢,而且是扯不断。当然,在他以后的成长过程中,逐渐会扬弃"性"的成分,或者转移到新的对象上,如对恋人之爱、异性之爱等;或者升华至新的内容中,如事业之爱、祖国之爱等。"生活中的幸福主要来自对美的享受,我们的感觉和判断究竟在哪里发现了美呢——人类形体的和运动的美,自然对象的美,风景的美,艺术的美,甚至科学创造物的美。"③再一次说明了一个人在童年时期得到的快乐,不但会潜藏下来和积聚起来,而且还会慢慢释放出来,影响着他对生活、工作、艺术的理解。

最后,他在人际交流时感受语言快乐的魅力。

弗洛伊德是一位称职的医生和严谨的学者,还是一位善于

---

① [奥地利]弗洛伊德:《弗洛伊德论美文选》,张唤民、陈伟奇译,知识出版社,1987年版,第71页。
② [奥地利]弗洛伊德:《弗洛伊德论美文选》,张唤民、陈伟奇译,知识出版社,1987年版,第95页。
③ [奥地利]弗洛伊德:《弗洛伊德论美文选》,张唤民、陈伟奇译,知识出版社,1987年版,第171—172页。

交流的语言大师。

在他热恋期间,有人告诉他一位叫弗立兹·华勒的艺术家对他心爱的恋人蠢蠢欲动。他对朋友说道:"艺术家拥有一把开启女人心房的万能的钥匙;而我们这些搞科学的人,只好无望地设计一种奇特的锁,并不得不首先折磨自己,以便寻找一种适当的钥匙。"[1]还有1908年他赴美讲学时,每当说到他的理论在欧洲不被学界认可,"他常常自豪地称为'光荣的孤立'。"[2]不论是与朋友的沟通,还是与患者的交流,这类幽默的语言,他脱口而出,信手拈来,形象生动,充满着艺术的品位和生命的智慧。正如他说的那样,"靠这种方法,他可以抛弃生活强加在他身上过分沉重的负担,获得幽默提供的大量快乐。"[3]

他不但从学理上阐述了"开玩笑及其与无意识的关系",指出玩笑话有助于紧张、无奈和焦虑等"感情消耗的节约",而且还有《论幽默》的专文,指出幽默不是一个人的表演或自言自语,而是围绕人际交流"发生在两个人之间"的说话人和听话人,他们共同营造的"幽默的快乐"。他阐明了幽默不仅仅是"开玩笑"和"演喜剧",而且"幽默具有某种释放性的东西;但是,它也有一些庄严和高尚的东西",[4]它既可以防止痛苦的发生,也能够实现心力的转移,最终达到"压抑之后的自我解放"。它不但将自我的处境从难堪和不利中解放出来,而且将自我的人格从卑微和

---

[1] 高宣扬编著:《弗洛伊德传》,作家出版社,1986年版,第54页。
[2] 高宣扬编著:《弗洛伊德传》,作家出版社,1986年版,第215页。
[3] [奥地利]弗洛伊德:《弗洛伊德论美文选》,张唤民、陈伟奇译,知识出版社,1987年版,第30页。
[4] [奥地利]弗洛伊德:《弗洛伊德论美文选》,张唤民、陈伟奇译,知识出版社,1987年版,第143页。

低级中升华起来。这种语言魅力带来的效果,弗洛伊德精神分析学的研究者安东尼·斯托尔认为,在人际交流时,"如果我们创造了一个新笑话,我们将会因自己的聪明才智而欣慰。如果我们听到了一个新笑话,我们会欣赏其创造者的机智。"[1]这时的快乐不仅是逗乐和搞笑,而且是发自心灵深处的共鸣和精神层面的契合,可见,只有深入骨髓和心灵的快乐才是真正的生命快乐的审美盛宴。

---

[1] [英]安东尼·斯托尔:《弗洛伊德与精神分析》,尹莉译,外语教学与研究出版社,2008年版,第245页。

第三章　开掘生命之美

> 对美的爱,好像是被抑制的冲动的最完美的例证。"美"和"魅力"是性对象的最原始的特征。[①]
>
> ——弗洛伊德

生命美是什么?思考的路径有:生命的社会性和生命的自然性。

前者源自毕达哥拉斯的"身体美是各部分之间的对称和适当的比例",以及后来培根"美的精华在于文雅的动作"、克罗齐"美属于人心的活动"。[②] 不可否认,理性主义是上述观点的基本"语法",也是美学历史的重要"导游"。

后者起于 19 世纪叔本华的"生存意志",继之以狄尔泰否认现实世俗理性的"经验整体"和尼采否认上帝神圣理性的"超人力量",到了弗洛伊德更是高扬"里比多"、突出"无意识"和看重"白日梦"而将非理性推向极致。

生命之美,在精神分析园地里绽放出惊艳而神奇的光彩。

---

① [奥地利]弗洛伊德:《弗洛伊德论美文选》,张唤民、陈伟奇译,知识出版社,1987 年版,第 172 页。
② 北京大学哲学系美学教研室编:《西方美学家论美和美感》,商务印书馆,1982 年版,第 13、77、291 页。

第一节　童年期的意义

精神分析的逻辑起点在哪里,是当下的活动,还是曾经的记忆?

个体生命的意义原点在哪里,是成年的记事,还是童年的印象?

弗洛伊德是这样理解的:"追溯到对早年经历的记忆(一般是儿时的经历),在这个记忆中愿望曾得到了满足;至此,心理活动创造出一个与代表着实际愿望的未来有关的情况。"[①]据此说明,任何心理活动的起源都只能是儿时的记忆,这种记忆不仅是对外面世界和外在事件的复制和留存,而且是自我价值和自己人生的增值和创造。

在童年的精神分析中,找到生命之美的"底片"。

从最初的个体生命里,建构生命美学的"底座"。

一、寻回儿时记忆

"儿童"是一个具有多种含义的概念,从心理的角度看,7岁是智力发育的节点;从生理的角度看,14岁是身体成熟的标志;从法律的角度看,18岁是完全民事行为的起始。当然,我们这里的"儿童"是心理学意义上的生命存在。

中国的民间谚语:三岁看大,七岁看老;马看蹄爪,人看从小。弗洛伊德借助文学创作说明了童年记忆的意义。"现时的

---

① [奥地利]弗洛伊德:《弗洛伊德论美文选》,张唤民、陈伟奇译,知识出版社,1987年版,第32—33页。

强烈经验唤起了作家对早年经验（通常是童年时代的经验）的记忆，现在，从这个记忆中产生了一个愿望，这个愿望又在作品中得到实现。"[1]文学源于生活，童年指向未来，说明儿童之于一个生命个体的重要性是毋庸置疑的，儿童之于一个生命群体的未来性需要拭目以待。

弗洛伊德在整个精神分析理论的建构中，有一个突出的现象就是对儿童的高度重视，但是他又不是像皮亚杰那样通过儿童发生认识论来建构他的儿童发展心理学，也就是说皮亚杰关注的是一般性意义上的儿童，即正常发展的儿童或儿童发展的正常心理，而弗洛伊德则剑走偏锋，关注的是儿童的白日梦、性压抑、神经病等非常态心理。在1900年写的《〈俄狄浦斯王〉与〈哈姆雷特〉》一文里，针对俄狄浦斯的自负，指出人类的高傲源于人猿揖别时人睥睨万物和傲视群雄的自负。这个故事告诉我们："对从童年时代起就自以为变得聪明和无所不能的我们发出了警告。像俄狄浦斯一样，我们活着，却对这些愿望毫无觉察，敌视自然对我们的教训，而一旦它们应验了，我们又全都企图闭上眼睛，对我们童年时代的情形不敢正视。"[2]弗洛伊德就是要个体或人类放下盲目的自高自大，回到混沌无知的初始阶段或天真无邪的童年时期，以此来针砭文明的痼疾和心理的疾病。

其实儿童表现出的恋母妒父一类的非常态心理，是人类初年的正常心态，早就存在于人类初期的女神崇拜的神话传说和

---

[1] ［奥地利］弗洛伊德：《弗洛伊德论美文选》，张唤民、陈伟奇译，知识出版社，1987年版，第36页。

[2] ［奥地利］弗洛伊德：《弗洛伊德论美文选》，张唤民、陈伟奇译，知识出版社，1987年版，第16页。

后来的女性意识的文学艺术中,只不过学者们忽视了恋母妒父,认为只是个别性的现象,而缺乏普遍性价值,当成是文明时代的正常现象和成人心理的偶尔表现。其实,弗洛伊德指陈的这些现象,也根本不是"异常",而是我们未能关注或有意忽略了的儿童,乃至整个人类生命的心理表现和精神现象,今天增补上这些内容,才是完整的儿童人格发展和人类生命的必要经历。

我们通过解读他的一篇长文《列奥纳多·达·芬奇和他童年的一个记忆》,就能找到儿童之于弗洛伊德精神分析学的意义和给生命美学打开的新视界。

首先,人类文明的发展为何要回归"儿童经历"。

毫无疑问,人类文明的发展趋向都是指向未来的,但也需要"向后看"的,所谓不忘初心,所谓回到起点。马克思对此有精彩的论述,他指出有"粗野""早熟""正常"三类儿童,不论是哪一类儿童,马克思指出:"为什么历史上的人类童年时代,在它发展得最完美的地方,不该作为永不复返的阶段而显示出永久的魅力呢?"[①]他们的永久魅力就是"清水出芙蓉,天然去雕饰"的效果,更是"羁鸟恋旧林,池鱼思故渊"的意义。说明文明越发达的社会,年龄越成熟的人们,越是向往纯真的儿童状态。

弗洛伊德之所以如此看重儿童,是因为他有一颗纯真的心,发现只有从生命的最早经历处,才能找到病症和关键。这就是他喜欢从儿童的视角来将被文明遮蔽的问题返璞归真,即褪去文明和理性给生命披上的华丽外套,用现象学的话说,就是直面事物本身,呈现生活真相,有点像安徒生笔下那个儿童,他和众人一样都看见皇帝什么也没有穿,但这个儿童的伟大在于说出:

[①] 《马克思恩格斯选集》第二卷(上),人民出版社,1972年版,第114页。

"可是他什么衣服也没穿呀!"繁华落尽,铅华洗净,弗洛伊德提示我们似乎可以这样理解性本能的起源和性意识的发展。

其次,精神分析的实践为何要依托"儿童原欲"。

儿童的性意识尽管被深深地遮蔽了,但弗洛伊德提出这个问题,却遭到了社会、同行和学生的一致反对,并视之为"胡言乱语",甚至怀疑他有"病"了。在《列奥纳多·达·芬奇和他童年的一个记忆》一文中,他通过对达·芬奇性活动和性压抑的分析,指出:"不论什么时候,一个人童年的历史——也就是他精神发展的历史——表明,这个过分强大的本能是为性的兴趣服务的。"[1]不得不说,弗洛伊德的高明就在于,从懵懂的童年说起,从明显的性力说起,一隐一显,不仅是心理活动的构成,而且是精神发育的动力。

无意识理论是他精神分析学的重要内容和核心思想,由于儿童理性意识的不发达,无意识的表现比比皆是,而人类最大的无意识是原欲,所以从儿童,特别是儿童的原欲入手,就能够为精神分析学的成立,找到最有力的支撑。他说:"在生命的最初三四年,一些印象逐渐固定了,对外部世界的反应方式建立起来了,以后的经验永远也不会剥夺它们的重要性。"[2]人的一生中,包括儿童在内,印象最深的是有关性的记忆和经历,只不过弗洛伊德揭示出来了。

最后,生命美学的完善为何要补充"儿童快乐"。

---

[1] [奥地利]弗洛伊德:《弗洛伊德论美文选》,张唤民、陈伟奇译,知识出版社,1987年版,第54页。

[2] [奥地利]弗洛伊德:《弗洛伊德论美文选》,张唤民、陈伟奇译,知识出版社,1987年版,第65页。

弗洛伊德认为儿童最大的快乐都是如吃喝拉撒睡一类本能性快乐，其中最大的"痛并快乐着"的就是"恋母妒父"的"俄狄浦斯情结"，他借此来寻找儿童心路历程的踪迹。个体心理学认为，记忆隐藏着一个人最真实的经历和情形。因为，记忆承载着一个人过往的所有经验，儿童通过对最初无意识的回忆来重现在与母亲的性和爱的关系中，体验到的依赖和依恋、惬意和满意的心理快乐，达到某个人生目标的实现，让一个人慢慢变成文明社会认可的敬爱母亲、尊重女性和怜香惜玉的理想形象。

可以说儿童的快乐，就是我们的快乐。对此，我们熟悉的生命美学理论，从未予以解释。因为成年人的身上一直隐藏着一种追求纯粹快乐、渴望感官享受、回到母亲怀抱的夙愿。弗洛伊德以达·芬奇的"恋母"现象为例，揭示了他"早期性研究的最明显的迹象，按照我们的看法，它对他以后的全部生活都有着决定性的影响"。[①] 这个"决定性"也可以理解为"性"的决定要素，儿童的性意识是可以没有顾忌的，我们欣赏并赞颂，一定意义上，也是我们生命意识的流露和生命美好的体验。

二、实施爱的拯救

弗洛伊德有一个幸福的童年，形成了健全的心理机制，但他没有"由己推人"地仅仅局限于健康儿童的研究，而是"悲天悯人"地力图走进那些童年不幸者的心理世界。自从他进入精神疾病的治疗或研究精神分析的理论后，就努力从儿童身上找到答案，特别是有过不幸经历的儿童；而他在《弗洛伊德论美文选》

---

① ［奥地利］弗洛伊德：《弗洛伊德论美文选》，张唤民、陈伟奇译，知识出版社，1987年版，第70页。

里重点研究的两个作家达·芬奇和陀思妥耶夫斯基,这两位杰出人物一个是私生子,一个是父亲酗酒、母亲早逝,因而他们经历了不幸而苦难的童年。如何才能走出人生的这片阴影呢？答案就是：爱的拯救。

众所周知,爱不是单方面的行为,它是朝着一个目标的"双向奔赴",尽管弗洛伊德认为爱与被爱所带来的满足感是通过无意识的性本能驱动产生的,但是作为一个有意识的文明人,是本能的性与人道的爱的合二为一,这种爱反映了内心深处对亲密关系的渴望与恐惧。了解这一点,我们就能更清晰地认识到自己在爱情中所追求的并不仅仅是表面的浪漫,而且还是对自己内心深处情感需求的回应,是为何要爱和如何来爱的清晰认知。所以,他精警而深刻地指出："伟大的爱只产生于对爱的对象的深刻的认识。"[1]

他以达·芬奇创作的一系列"微笑"主题和特征的画作为例,如《圣安妮和另外两个人》[2],又叫《圣安妮、夫人和孩子》,以此揭橥画作蕴含的生活与艺术、微笑与爱的内在联系。

首先,"微笑"画的题材和象征。

画中一共有四个人：两个女人和两个小孩。其中处于主体位置的是一个慈祥的老妇人和一个年轻女人,她们俩应该是达·芬奇的外祖母和母亲,至于是亲生外祖母和母亲,还是继母和她的母亲,这里可以忽略,这两个女人以伟大母性的温柔和慈

---

[1] ［奥地利］弗洛伊德：《弗洛伊德论美文选》,张唤民、陈伟奇译,知识出版社,1987年版,第50页。

[2] ［奥地利］弗洛伊德：《弗洛伊德论美文选》,张唤民、陈伟奇译,知识出版社,1987年版,第83页。

爱给予了不幸的他以无尽的安慰,以至于给他留下了不可磨灭的记忆。那两个孩子,一个坐在母亲膝盖上,是小救世主玛丽,旁边站着的是抱着羔羊的男孩,这个男孩应该是达·芬奇吧,他手里的羔羊就是他自己的化身,羔羊在基督教里象征着受难者,还有清白、纯净、无助、童贞和温顺等含义。

据悉达·芬奇出生不久,他的父亲就离开了他,不幸的命运,意味着他成了父母偷食禁果后,被上帝惩罚的对象。无辜而无助,天真而天性,纯洁而纯粹是他生命的本色,也是他人生的底色,但他却遭受了世俗更多的苦难,是一个需要拯救的对象。圣母安妮"外祖母坐着,一只胳膊露在外面,面带幸福的笑容",象征她是上帝的使者,来到人间履行神圣的救赎使命,而达·芬奇就是她拯救的对象。

其次,"微笑"画的表情和意义。

说到微笑,达·芬奇最著名的杰作当数《蒙娜丽莎》,此外还有《施洗者约翰》《圣母子与圣安妮》《岩间圣母》等,以及很多素描,尤其是弗洛伊德面对《圣安妮和另外两个人》的画作,促使他一直思考这个"微笑的魅力后面的更深一层的原因,因为这个魅力如此打动了艺术家,以至于达·芬奇一生都受这微笑影响"。还指出"这个微笑唤醒了他心中长久以来休眠着的东西——很可能是旧日的记忆"[1]。循此弗洛伊德详细地分析了达·芬奇的另一幅,或许是未完成的素描《圣安妮和另外两个人》,可以看出,"微笑"是他女性画像一以贯之的经典表情。

并且,耐人寻味的是,微笑的主角都是女性,不论是青年的,

---

[1] [奥地利]弗洛伊德:《弗洛伊德论美文选》,张唤民、陈伟奇译,知识出版社,1987年版,第81页。

还是中年的,甚至是老年的,无一不是含情脉脉,深情款款,慈祥殷殷,和《蒙娜丽莎》比较,这里面老年女人和中年女人的微笑表情,更加具有世俗的味道和生活的意味,自然而坦荡、真诚而亲切、阳光而温馨,都可视为是他母亲或祖母的表现,当达·芬奇通过创作"再一次见到那种幸福和狂喜的微笑时",其蕴含的深远意义在于:"我们所熟悉的这个迷人的微笑引导我们猜想那是一个爱的秘密。"[①]还有童年的包括性压抑的不幸,借助这些绘画,"在艺术中战胜了这个不幸。"[②]从而在肉体和灵魂两个方面,实施着有关生命之爱的拯救。

最后,"微笑"画主题的延续和发扬。

围绕爱的主题,如果说,拯救达·芬奇的就是有关他母亲的记忆和绘画实践,那么,拯救陀思妥耶夫斯基的是他父亲的实际关爱和他以后的文学创作。陀思妥耶夫斯基的童年是在莫斯科一个医院里度过的,看到了太多的社会底层的苦痛和饱受疾病折磨的病人,他后来又患了癫痫病,并长期折磨着他。"在他小的时候,在'癫痫症'发生很久以前,他就有过几次发作,这些发作具有死亡的意味",[③]他成了"被上帝抛弃了的人",从此陷入了人生的悲剧,以后的监禁、流放和他不能自拔的赌博,都深深地摧残了他的生命和天才。

那他又是如何实施自我拯救的呢?

---

① [奥地利]弗洛伊德:《弗洛伊德论美文选》,张唤民、陈伟奇译,知识出版社,1987年版,第86页。
② [奥地利]弗洛伊德:《弗洛伊德论美文选》,张唤民、陈伟奇译,知识出版社,1987年版,第86页。
③ [奥地利]弗洛伊德:《弗洛伊德论美文选》,张唤民、陈伟奇译,知识出版社,1987年版,第154页。

他的母亲玛莉亚是一个心地善良且受过良好教育的女性，他的父亲性格暴躁，喜欢酗酒，也曾在他生病时照顾他，为他写作提供过支持。弗洛伊德分析道："弑父是人类的，也是个人的一种基本的和原始的罪恶"，男孩子和他的父亲"是一个'矛盾的'关系。除了企图去掉作为竞争对手的父亲的仇恨之外，对他某种程度上的温情，一般也是存在的"①。看来，俄狄浦斯情结也是一柄双刃剑。

　在这种情形下，只有"一件事提供了挽救的真正希望：他的文学写作"②。因为，作为艺术审美的文学和绘画一样，不但能释放压抑、消解苦难，更能够表现爱的伟大、传达爱的广大和弘扬爱的博大。

　三、形成主体精神

　懵懂的孩童时代，人只有本能的活动，随着生命的成长，渐渐能分别客体的世界和主体的自我了，可以说，人类生命在由猿到人的发展过程中，个体生命在由小到大的成长路途中，主体精神的形成是最伟大的收获，否则生命的美学或美学的生命将永远缺席。

　我们都知道弗洛伊德通过本我、自我和超我的意识—精神—人格分析，建立了人类生命由隐深到显豁的"精神历程"、由童年到成年的"精神结构"、由病态到常态的"精神内核"，这其中

---

① ［奥地利］弗洛伊德：《弗洛伊德论美文选》，张唤民、陈伟奇译，知识出版社，1987年版，第155页。

② ［奥地利］弗洛伊德：《弗洛伊德论美文选》，张唤民、陈伟奇译，知识出版社，1987年版，第163页。

的最大成果就是人类主体精神的形成。正如他自己说的:"精神分析学所揭露出来的深蕴心理学,实际上就是正常的人的心理学。"①也就是他建构精神分析学的目的,不是为了描画人类最幽深的心理世界的构造,而是为了说明人类最切近的主体精神的形成。

他通过对达·芬奇童年的那个奇特的梦幻记忆的详细解读和分析,提示我们如何在人生实践中,通过艺术创造与科学探索,完成对主体精神的建构。

一方面是,由于父亲的存在而不信奉上帝的意志。

一般而言,一个学者之所以会关注和研究某个人,是因为这个人和他存在很多"相似"之处。弗洛伊德和达·芬奇就是如此。

因为"俄狄浦斯情结",弗洛伊德对父亲的认知和对母亲的刚好相反。据悉他两岁时尿床而受到父亲的训斥,七岁时专门把尿撒在父母的卧室里,被父亲认为"这孩子长大了没有出息"。他后来把这一幕写进了《梦的解析》,"这一定严厉地冒犯了我的抱负,因为在我的梦中一再出现这个情形的暗示,而且总是伴随着列举我的成就和成功,好像我要说:'你睁眼看看吧,我毕竟成了个人物'。"②这件事之所以被他"记恨"终生,说明他在童年时已经开始反叛象征家庭和自己权威的父亲了。

无独有偶,达·芬奇也差不多是这样。他出生不久,父亲就

---

① [奥地利]弗洛伊德:《弗洛伊德自传》,张霁明、卓如飞译,辽宁人民出版社,1986年版,第76页。
② [美]埃利希·弗洛姆:《弗洛伊德的使命》,尚新建译,生活·读书·新知三联书店,1986年版,第65页。

抛弃乡下人母亲而另结新欢,离他而去,留下相依为命的孤儿寡母。尽管父亲以后待他也不错,但是这段痛苦的儿时记忆已经扎根在他心中了。弗洛伊德对此深有同感,认为,即使达·芬奇回到父亲身边也会产生很大的"鸿沟",一方面是年轻的继母和他形成了与父亲的竞争关系,另一方面是乡下的生母渴望儿子成为一个像父亲一样的"高贵的绅士"。"因此,儿子不断地感到激励也要来扮演一个高贵的绅士——好让他父亲看到一个真正像样的高贵绅士。"[1]

他们俩都排斥父亲,和他们俩不信宗教有何联系呢?我们都知道,儿时心目中的父亲和等级社会中的宗教具有异曲同工之妙,它们都是以权威来震慑和制约着儿子和市民的思想和言行,在他俩儿童时期由于父亲的强大和压抑,他们心中早已有了世俗意义上的精神领袖,那么后来的"上帝"就再也没有可以占据他们精神世界的位置了,"从心理上来说,一个个人的上帝就是一个崇高的父亲。"[2]

另一方面是,由创造性的驱力而表现出独立的自我性。

众所周知,最能体现创造性力量的莫过于科学发明和艺术创作,达·芬奇无疑是这两个方面的佼佼者,所以赢得了弗洛伊德极大的崇敬,并作为学习和研究的对象。

达·芬奇作为一个科学家在机械、气象、工程、天文、水利、军事等方面均有传奇般的发明和开创性的研究,这些和他的童

---

[1] [奥地利]弗洛伊德:《弗洛伊德论美文选》,张唤民、陈伟奇译,知识出版社,1987年版,第88页。

[2] [奥地利]弗洛伊德:《弗洛伊德论美文选》,张唤民、陈伟奇译,知识出版社,1987年版,第90页。

年有什么关系呢?这一直是弗洛伊德思考的问题。的确,一个科学家更多地是通过自己的观察和实践来认识世界的,"他通过他的研究工作远离了基督教信徒观察世界的立场。"[1]还是以童年记忆中那只飞落到摇篮里的秃鹫为例吧,除了作为性行为的隐喻外,有传记学者考证,"在他笔记中就有一段与鸟儿飞翔有关的非常含糊的文字",弗洛伊德指出:"他沉湎于怎样使模仿鸟的飞行的技术获得成功的希望之中。"[2]果然在1483年后他绘制了第一个降落伞的设计图,提出了直升机的想法,并画了草图,开始了扑翼飞机的设计。

达·芬奇和弗洛伊德二人,可谓同病同命。弗洛伊德的同行和知己,英国著名心理学家欧内斯特·琼斯说弗洛伊德"只有对真理的探索才能让他感受到母亲般的安全感,但是要跨越通向真理的茫茫未知和重重阻碍,就必须要有决心和超凡的勇气"[3]。这个评价用在达·芬奇身上也是非常准确的。达·芬奇的系列女性"微笑"特征的画作,就是他在面对世界尤其是童年经历回忆时所表现出的独特个性、情感和创造力。它们是"年轻艺术家的想象力的产物。他创造它们是为了自我娱乐,他在这里表达了旅游世界和探险的愿望"[4]。

---

[1] [奥地利]弗洛伊德:《弗洛伊德论美文选》,张唤民、陈伟奇译,知识出版社,1987年版,第92页。

[2] [奥地利]弗洛伊德:《弗洛伊德论美文选》,张唤民、陈伟奇译,知识出版社,1987年版,第92页。

[3] [奥地利]弗洛伊德:《人类精神捕手:弗洛伊德自传》,王思源译,华文出版社,2018年版,第23页。

[4] [奥地利]弗洛伊德:《弗洛伊德论美文选》,张唤民、陈伟奇译,知识出版社,1987年版,第95页。

弗洛伊德和达·芬奇具有惊人的相似,不仅是独特的人生经历,相似的童年,而且有一样的精神追求,这再一次证明了他说的:"所有伟大的人物必定都保留着某些儿童成分。"[①]然而,他们的伟大更是超越儿童而进入了一个更为广阔的人类心灵世界。

第二节　经典性的案例

弗洛伊德有两个身份:医生和学者。作为美学家的他就拥有了两个视角来剖析人的生命。

这个"生命"不是显微镜下的"细胞",也不是哲学原理的"存在",应该是鲜活个体的"人物",在《弗洛伊德论美文选》里,他着重剖析了两个人。

一个是文化全才达·芬奇,还有一个是文学天才陀思妥耶夫斯基。他没有从通常的意义上来评说他们,而是独辟蹊径,从两个不为人所注意的"症候"或"细节"——质言之就是对他俩"病态"鞭辟入里的阐发中,尝试了他非理性的生命美学建构,并以此说明"个人精神发展是以简略的形式重复了人类发展的过程"。[②]

一滴水能反射太阳的光芒。

---

① ［奥地利］弗洛伊德:《弗洛伊德论美文选》,张唤民、陈伟奇译,知识出版社,1987年版,第94页。
② ［奥地利］弗洛伊德:《弗洛伊德论美文选》,张唤民、陈伟奇译,知识出版社,1987年版,第69页。

一、"谜一样"的达·芬奇

说到欧洲的文艺复兴,恩格斯盛赞:这"是一个需要巨人而且产生了巨人——在思维能力、热情和性格方面,在多才多艺和学识渊博方面的巨人的时代"。[①] 列奥纳多·达·芬奇无疑是巨人中的巨人。弗洛伊德也说在他所处的那个时代,"他在他们眼中,就已经开始显得是一个不可思议的人物了,正像今天他在我们心目中一样。"[②]

的确,从恩格斯的"时代巨人"到关注者的"不可思议",我们该如何面对"这位伟大的、谜一样的人物"呢?[③]

首先,多样才能之谜。

一个人能在某一方面卓尔不群,已经堪称奇迹,而达·芬奇却在多个领域显示出天才般的能力,所以这是一位天才般的全才式人物:他思想深邃,学识渊博,他最大的成就在绘画领域,其绘画把科学知识和艺术想象有机地结合起来,使当时绘画的表现水平发展到一个新阶段;绘画理论方面,他把解剖、透视、明暗和构图等零碎的知识,整理成为系统的理论,影响了欧洲绘画的发展;其代表作有《岩间圣母》《最后的晚餐》《蒙娜丽莎》《圣母子与圣安妮》等。他还在地质学、物理学、生物学和生理学等方面,提出了不少创造性见解;在军事、水利、土木、机械工程等方面,

---

① 《马克思恩格斯选集》第三卷(下),人民出版社,1972年版,第445页。
② [奥地利]弗洛伊德:《弗洛伊德论美文选》,张唤民、陈伟奇译,知识出版社,1987年版,第43页。
③ [奥地利]弗洛伊德:《弗洛伊德论美文选》,张唤民、陈伟奇译,知识出版社,1987年版,第59页。

都有重要的设想和惊人的发现。

这样的人物堪比中国宋代的苏东坡和现代的郭沫若,可谓"文曲星下凡"。既是走出千年中世纪愚昧的历史必然,又是文艺复兴思想启蒙的时代需要,当然更与他自己内在因素息息相关,他已将人类的生命标尺抬升到了一个新的高度,除了医学和心理学,还予人文科学,尤其是美学不无重要启示。弗洛伊德选择的这两个案例,客观上促成了他的生命美学思想的形成。

其次,个人气质之谜。

人们经常说,上帝为人打开了一扇窗户,就得关上另一扇窗户。被誉为古希腊百科全书式人物的亚里士多德相貌丑陋、身材短小、双眼如豆、言语不畅;画家、雕塑家米开朗琪罗双肩宽阔、躯体瘦削、头大眉高、两耳突出、脸孔狭长、鼻子低扁、眼睛很小;陀思妥耶夫斯基面颊深陷、遍布皱纹、皮肤皲裂、颧骨高耸,但他们都有一颗不朽的灵魂。

而在弗洛伊德笔下的达·芬奇,"他颀长、匀称;相貌十分俊美,体力非同一般;他风度翩翩,长于雄辩,他对所有的人都是高高兴兴,和蔼可亲的。"[1]仁慈的上帝特别眷顾这位"私生子",只把身世的窗户关上,而把他的才华能力、性情气质、容貌身材、谈吐交际等窗户一一打开,可谓"天不妒英才"。

如此优美的形象和高雅的气质的美男子,再一次印证了弗洛伊德对美的直观判断:"无论是以何种形式呈现给我们的感官

---

[1] [奥地利]弗洛伊德:《弗洛伊德论美文选》,张唤民、陈伟奇译,知识出版社,1987年版,第44页。

和判断的美——人类的形体美和姿态美","美来源于性感觉的领域"。① 弗洛伊德尽管从理论上关注人的深层心理,但是在生活中依然是"爱美之心,人皆有之",不过他更看重的是性感的魅力而产生的诱惑力。

再次,艺术态度之谜。

或许是绘画速度太缓慢或太讲究精益求精了,或许是做一件事太拖沓或要等待油彩干透,或许是兴趣爱好太多样或经常虎头蛇尾,以至于后来拿起画笔的时间越来越少,"并把刚刚开始,大部分没有完成的作品搁了下来,对那些作品的最后命运漠不关心。这正是他被同时代人所指责的:他的艺术态度对他们来说不啻是个谜。"② 据弗洛伊德提供的信息,他的最后几幅作品,如《丽达》《圣母奥诺弗里奥》《酒神巴克斯》等,就连享誉世界的《蒙娜丽莎》都是未完成的;还有他绘制《最后的晚餐》历时整整三年,期间经常是拿着画笔几个小时,甚至一天都在发呆,或许是在期待中国古人向往的"不着一字,尽得风流"之境界吧。

的确,艺术创作,即使是发表了仍然是没有结束的,尽管某一次创作是有时间限制的。可以肯定的是,达·芬奇作为一个伟大画家的艺术态度应该是没有问题的,而弗洛伊德所谓的"艺术态度"更应该是指达·芬奇绘画创作追求的艺术境界而体现出来的美学风格和生命个性,无疑,有风格和个性是衡量一个艺术家成熟的重要标志。

---

① [奥地利]弗洛伊德:《文明及其不满》,严志军、张沫译,浙江文艺出版社,2019年版,第30、31页。

② [奥地利]弗洛伊德:《弗洛伊德论美文选》,张唤民、陈伟奇译,知识出版社,1987年版,第45页。

还有,精神生活之谜。

弗洛伊德还发现了他"一些异常的特征和明显的矛盾",[①]如他拒绝吃动物的肉,常常在市场上买了鸟儿,一会又把这些鸟儿自由放飞了。还有面对别人的误解和冲击时,他要么平静对待,要么尽量回避,总是表现出与世无争的超然,甚至对所谓的"善与恶"都漠不关心。但另一方面,他对即将走上刑场的死刑犯,没有怜悯之心,居然能在速写本上画出他们因恐惧而扭曲了的面孔。他谴责战争和流血,但又设计出了残酷的进攻性武器,作为一个军事总工程师还心甘情愿地为意大利米兰的大公暴君莫罗服务。"他认为人并不是动物王国中的国王,而是最坏的野兽。"[②]这是否有助于我们揭开这个"谜底"。

这个"谜底"就是人的非理性,尽管我们已经习惯了用理性思维来探讨成功人士成功的原因,但包括他们在内的所有人都是理性与非理性的矛盾统一体,何况弗洛伊德本身就是非理性的典范,他如此高度关注并研究一个不可复制的"另类"天才达·芬奇,只能说明物以类聚,人以群分,他们才是真正的精神知音呢。人,不是天使,但也不应该是"魔鬼"啊。

在《列奥纳多·达·芬奇和他童年的一个记忆》这篇长文里,弗洛伊德依据传记提供的资料,还罗列了达·芬奇之谜的其他表现:如对异性生殖功能感兴趣而对女性本身却无动于衷,对事业充满热情而对这件事的善与恶、美与丑漠不关心,对自然科

---

① [奥地利]弗洛伊德:《弗洛伊德论美文选》,张唤民、陈伟奇译,知识出版社,1987年版,第48页。

② [奥地利]弗洛伊德:《弗洛伊德论美文选》,张唤民、陈伟奇译,知识出版社,1987年版,第48页。

学永不满足而对绘画艺术却半途而废,等等。这些究竟意味着什么？弗洛伊德解说道:"他用研究代替了爱。这可能就是为什么列奥纳多的生活在爱情方面比其他伟人、其他艺术家更不幸的原因吧。"因为,作为人之为人的"本性的暴风雨般的热情的起伏——别人在热情中享受了最丰富的体验——好像没有触及他"。① 这不能不说是达·芬奇作为一个杰出人物的重大缺陷和重要遗憾吧。

二、"怪一般"的陀思妥耶夫斯基

如果说"谜一样"的达·芬奇之谜,还有谜底可揭晓,那么,我们又怎样看待"怪一般"的陀思妥耶夫斯基的"怪"呢？

费奥多尔·米哈伊洛维奇·陀思妥耶夫斯基是19世纪俄罗斯最重要的文学家之一,因其《被侮辱与被损害的人》《罪与罚》《白痴》《卡拉马佐夫兄弟》等长篇小说而获得世界级的声誉和影响,与著名文学家列夫·托尔斯泰难分轩轾。鲁迅是这样评说他的:"他把小说中的男男女女,放在万难忍受的境遇里,来试炼它们,不但剥去表面的洁白,拷问出藏在底下的罪恶,而且还要拷问出藏在那罪恶之下的真正的洁白来。"②在非常状态下拷问人类的灵魂,不但露出底色,而且显示黑色,最后还原本色。

就在这"三色"交错迷离中,弗洛伊德在《陀思妥耶夫斯基与弑父者》一文中,呈现出了一个"怪一般"的他来。首先看看这是一篇什么样的文章。在1955年英国出版的《标准版弗洛伊德心

---

① [奥地利]弗洛伊德:《弗洛伊德论美文选》,张唤民、陈伟奇译,知识出版社,1987年版,第52页。
② 《鲁迅全集》第六卷,人民文学出版社,2005年版,第425页。

理学著作全集》中,这篇文章的"编者按语"说:文章的"前一部分论述了陀思妥耶夫斯基的性格特征,他的受虐狂,他的罪恶感,他的癫痫病发作和他的俄狄浦斯情结中的双重态度。后一部分讨论了陀思妥耶夫斯基的赌博嗜好这一特点,并由此引述了斯蒂芬·茨威格的一篇小说,他认为这篇小说说明了赌瘾的起因"。[①]

弗洛伊德在文章里起笔就说:"在陀思妥耶夫斯基丰富的人格里,可以区分出四个方面:有创造性的艺术家,神经病患者,道德家和罪人。"他还不解地追问:"一个人怎么会陷入如此令人迷惑的复杂情况里去的呢?"[②]那我们就顺着弗洛伊德提示的路径,走进这个"怪人"的真实人生和心灵世界吧。

首先,他是一个"创造性的艺术家"。

19世纪,俄罗斯文学群星璀璨,和他同为批判现实主义的小说家有:在历史事实和艺术虚构中,进行着人性的艰难思考的托尔斯泰,以讲述一个故事为主,强烈地追寻着未来光明的果戈理,以及站在人道主义立场上,用知识分子的眼光表现俄罗斯的民族性格和精神的屠格涅夫。而陀思妥耶夫斯基却是最诡异的一颗星座,他的小说,一是描写被欺凌与被侮辱者,竭力展示隐藏在阴暗角落里的真实;二是描写自我分裂的人,揭示丑陋与卑劣、高尚与纯洁、残酷和自私的多重人格;三是通过各种层面和身份"人物"的堕落和不幸、悔悟和挣扎,表现人性的复归。

---

① [奥地利]弗洛伊德:《弗洛伊德论美文选》,张唤民、陈伟奇译,知识出版社,1987年版,第149页。

② [奥地利]弗洛伊德:《弗洛伊德论美文选》,张唤民、陈伟奇译,知识出版社,1987年版,第149—150页。

如弗洛伊德剖析的《卡拉马佐夫兄弟》,表面上看这是一桩弑父案,而受害人老卡拉马佐夫的几个儿子在某种程度上有串谋之嫌;但深层次上,这是一次关于人的精神和灵魂的展示活动,其中充满着情欲、金钱、信仰、理性与自由意志之间的残酷斗争。

其次,他还是一个"神经病患者"。

陀思妥耶夫斯基这个病,宽泛意义上又叫癫痫病或歇斯底里症,9岁时首次发病,之后间或发作,并伴随终生。其间出现两次加重的病情,一次是他18岁时,父亲被谋害突然去世,于是内心深处有一种短暂的狂喜和随之而来的强烈负罪感,而"弑父"和"罪恶感"正是穿贯穿于《卡拉马佐夫兄弟》的两个重要主题;还有一次是28岁时因牵涉反对沙皇的革命活动而被捕,在行刑之前的一刻才改判成了流放西伯利亚。从39岁开始,他把自己的每次发病都记录在一个笔记本上,直至他59岁去世为止,一共记录了102次发病记录。

这个病会给人带来什么样的感受和精神影响呢?弗洛伊德说:"这些发作具有死亡的意味……仿佛他当场就要死去似的。实际上,随之而来的是一种与真正死亡极为相似的状态。"[1]死亡体验不但诱发"弑父"情结,而且将一个人的生命突然间逼到了死角,这还是一次能让自己意识到的"死亡"。

再次,他更是一个"道德家"。

陀思妥耶夫斯基不是我们通常意义上的那些品德高尚、心地善良和乐善好施、救死扶伤的道德家。如果说这些是社会层

---

[1] [奥地利]弗洛伊德:《弗洛伊德论美文选》,张唤民、陈伟奇译,知识出版社,1987年版,第154—155页。

面上可以看见,更要提倡的人类行为准则和楷模的"美感道德",那么他所展示的就是心灵深处看不见,更不能轻易提倡和效仿的"罪感道德"。弗洛伊德清醒地认识到了他身上的这种"道德是最容易受到攻击的一点",他为何令人匪夷所思地视之为道德家呢?"理由是一个人只有经历了最深的罪恶,才能达到道德的顶峰",[①]就像《罪与罚》里的大学生拉斯科尔尼科夫杀死了放高利贷的老太婆后,陷入了极度的痛苦和自我拷问中,最终选择了投案自首。如此的道德,是发自内心的认罪,只有接受法律的惩处良心才能安稳的道德。

这种先不得不作恶,又在忏悔中或接受惩罚中完成自我的拯救,就是他的救赎之路,它被弗洛伊德视为"伟大个性的弱点","陀思妥耶夫斯基抛弃了成为人类的导师和救星的机会,而使自己与人类的看守在一起",从而在邪恶尽处,让灵魂升华,在触底反弹中成为崇高的道德家。

最后,他居然是一个"罪人"。

其实,道德家和罪人,在陀思妥耶夫斯基身上兼而有之,就像一块硬币的两面,就像弗洛伊德说的称他是道德家会招致社会的攻击一样,说他是罪犯也会"引起激烈的反对"。原来他不是现实中法律意义上的罪犯,而是弗洛伊德说他"选择的素材,他选择的全是暴戾的、杀气腾腾的、充满利己主义欲望的人物",难道写了犯罪,作家就是罪犯吗?通常是不会的,然而陀思妥耶夫斯基因其不是一般意义上的人,"他有赌博嗜好","有相当强

---

① [奥地利]弗洛伊德:《弗洛伊德论美文选》,张唤民、陈伟奇译,知识出版社,1987年版,第150页。

烈的破坏本能",①还有过犯罪的坦白,就这个意义上说他是"罪人"也未尝不可。可见,他是一个蕴含着人性之恶的伟大作家,就像弗洛伊德高扬文明社会视为"恶"的性本能一样,他们都是文化反叛意义上的"罪人"。

我们该如何看待这个既伟大又邪恶的作家"罪犯"呢？弗洛伊德认为罪犯的"一个必要条件就是爱的缺乏",即没有人类真诚而高尚的感情需求,然而"这种看法与陀思妥耶夫斯基的情况是相矛盾的——他对爱的极大需要和他巨大的爱的能力,这些可以在他夸张的仁慈的表现中见到"。② 这与其说是作家的独特,不如说是理论家的深刻。

三、生命的另一种可能和理解

"谜一样"的达·芬奇,最奇特的"谜"是他童年时的一次做梦:"那时我还在摇篮里,一只秃鹫向我飞了下来,它用翘起的尾巴撞开我的嘴,还用它的尾巴一次次地撞我的嘴唇。"③弗洛伊德从精神分析学的角度,将这个梦视为达·芬奇所有谜语中的"谜底":性活动之于生命的意义。"这一经历的器官印象——我们生命中第一个快乐的源泉——无疑永远铭刻在我们心上。"④

---

① [奥地利]弗洛伊德:《弗洛伊德论美文选》,张唤民、陈伟奇译,知识出版社,1987年版,第151页。
② [奥地利]弗洛伊德:《弗洛伊德论美文选》,张唤民、陈伟奇译,知识出版社,1987年版,第151页。
③ [奥地利]弗洛伊德:《弗洛伊德论美文选》,张唤民、陈伟奇译,知识出版社,1987年版,第57页。
④ [奥地利]弗洛伊德:《弗洛伊德论美文选》,张唤民、陈伟奇译,知识出版社,1987年版,第61页。

这个梦是达·芬奇后来的回忆。抛开它的真伪不论,童年这个节点是非常重要的,应和了弗洛伊德关于性活动肇始于童年甚至更早的见解,它一直深深地影响并左右了艺术家的一生。

"怪一般"的陀思妥耶夫斯基,最独特的"怪"是他成年后的嗜赌成性:从1864年起开始沉迷于赌博,以寻求经济和精神上的解脱,1866年他用26天写出了《赌徒》,用小说的稿费还清了赌债。弗洛伊德揭示了他沉迷赌博的心理动因:"他知道他主要是为赌博而赌博。他凭借冲动作出的荒诞行为的所有细节,都显示出这一点……对他来说,赌博也是自我惩罚的一个方式。"[①]众所周知,赌博尽管是为文明社会一直反对的娱乐活动,但这种博弈心理贯穿人的一生,少儿以游戏的方式的"赌博"富有审美意味,成年人的"赌博"是明知故犯,且屡教不改,如此才能从中获得压抑释放和期待满足的心理。这个案例再一次非常投合弗洛伊德的精神分析学。

非常有趣的是,弗洛伊德围绕达·芬奇童年时的一个"梦"和陀思妥耶夫斯基成年后的一场"赌",这两个经典性案例,进而通过从鲜活感性到精深理性的探索,将人一生的偶然性命运贯通起来了,其中所蕴含的必然与偶然、机遇与选择、博弈与合作,充满着深刻的科学价值和美学意义。

在科学价值上,证明弗洛伊德精神分析理论之成立。不仅是对这两个著名人物有重要的认识价值,而且对我们所有人都有不可轻视的实践意义:一方面,每个人尽管经历不同,但儿时不经意或早已遗忘的一件事,可能会影响我们终生,成年后一个

---

① [奥地利]弗洛伊德:《弗洛伊德论美文选》,张唤民、陈伟奇译,知识出版社,1987年版,第162页。

看似正常且不能摆脱的爱好,可能会流露我们真实的生活目标和人生意图。因此,做好提前的心理预防和科学的心理干预是十分重要的。另一方面,这一"梦"和一"赌"两个人不一样的症候,且一个是童年,一个是成年,似乎风马牛不相及,但都是同样的焦虑症"病因"所致,达·芬奇是因缺失父爱而恋母,致使爱的不平衡而积聚起的焦虑能量,陀思妥耶夫斯基是父亲突然死亡和本人濒临死亡的刺激,导致无安全感而形成的恐惧压力。

在美学意义上,说明了生命的美学意义,不仅可以从"常态"予以说明,而且能从"病态",乃至"变态"予以证明生命还存在着另一种可能。

弗洛伊德对这两位天才人物反常现象的关注,一方面说明了他是一个敬业而专业的职业医生,能够敏锐地发现研究对象的"病症",另一方面证明了他是一位不同寻常的心理学家,能够深刻地揭示研究对象的"病理",并思考其"病源"。他的初步研究已经开始说明:这就是突破生理的"性"而超越到了心理的"情",进而进到美学的"爱"。可见,弗洛伊德虽然无意于美学或生命美学的建构,但是通过他对达·芬奇和陀思妥耶夫斯基的思考,客观上为美学和生命美学提供了一个具有"标本"价值的案例,并开始进入到了美学的思考层面。

从生命美学视角看,就思考探究生命意义的主题而言,要尽量而全面地囊括生命的多种形态和不同类型,即既要研究正常和健全的生命,也要关注反常和残缺的生命。像达·芬奇和陀思妥耶夫斯基那样,他们俩的生命饱受摧残,可谓残缺的人生,居然没有沉沦下去,甚至提前夭折,反而爆发出巨大的精神能量,结出了丰硕的生命成果。

弗洛伊德选择的这两个"负面"案例的主人公,居然绝地反击、剑走偏锋、触底反弹,演绎出了常态生命都不能企及的高度和达到的境界。揭示了生命之美不为常人所知晓,不被常人所理解的"别有洞天"的怪异面孔。原来生命之美是可以用这样的方式绽放出它奇异而诡异的光芒的。这与其说是开启了达·芬奇和陀思妥耶夫斯基别样的美学生命,不如说是启动并成就了弗洛伊德奇特的生命美学。

这就是非理性主义的生命美学,它是建立在身体感受之上的美学。按弗洛伊德的说法,身体的感受最早的和最强烈、最美妙的首先是性的感受,由于它受到了社会文明的压抑,受到了理性意识的排斥,才转化为非理性的白日梦、神经症等予以释放。

生命美学的实质是"学会爱""表现爱"和"赞颂爱"的美学。无疑,不论是达·芬奇,还是陀思妥耶夫斯基,他们以非常态表现出来的生命常态,和我们所有人一样,依然是在追求世俗的美好和幸福,所以,弗洛伊德才说:"爱得以表现自己的形式之———性爱——使我们非常强烈地体验到一种巨大的快感,因此为我们提供了寻找幸福的模式。"[1]他们有"病",但是他们有人类之"爱";他们不正常,但是他们有生命之常情;他们是非理性,但这是生命的非理性。弗洛伊德建构的充满高度辩证法的生命美学,看似非理性,甚至反文明,但是从恢复和企及人类完整的生命意义而言,它依然符合生命进化的自然理性,生命进步的人类文明。

---

[1] [奥地利]弗洛伊德:《文明及其不满》,严志军、张沫译,浙江文艺出版社,2019年版,第30页。

第三节 生命美的追求

从童年时的幻想到成年后的创造,"路漫漫其修远兮";

从行医者的临床到学问家的思考,"吾将上下而求索";

不论是发现无意识,还是释放里比多,抑或是创作艺术品……

它们都指向一个共同的主题:人类的生命之美,这不仅是弗洛伊德的毕生追求,更是芸芸众生的终极目标。因为:

> 生命美是美学理论的最高追求,可是理论是灰色的,生命之树才应该充满生机——四季常青。
> 生命美是现实人生的最高境界,可是人生是多元的,美学之舟就必须校准航向——美化生命。①

这就是生命美的理解。

《弗洛伊德论美文选》最后一篇《论升华》,如何实现由"生命"到"美"的华丽转身呢?

一、如何面对"痛"

生命的"痛"是死亡的必然、危害的偶然和劳苦的常然,而生命的本能趋向是贪生畏死、趋利避害和好逸恶劳的,那么,追求幸福是人生的目标和生活的内容,但弗洛伊德在《图腾与禁忌》

---

① 范藻:《叩问意义之门——生命美学论纲》,四川文艺出版社,2002年版,第189页。

里认为:"一般人所谓的'幸福'并不是真正的幸福,它只不过是意指着一种'暂时的'、'过渡的'比以前较好的情况而已。因此,所谓'实现幸福',实是属于一种乌托邦心态。"①他还在《论非永恒性》里指出了美丽的风景、美好的生活、美妙的艺术等都是"非永恒性"的。他在《论升华》一文的开篇即指出:"生活正如我们所发现的那样,对我们来说是太艰难了;它带给我们那么多痛苦、失望和难以完成的工作。"②从幸福的遥不可及到痛苦的如影随形,这就是他理解的生命的悲本体存在。或许这些看法来自他的医疗实践,是从他每天面对的求诊者身上看到的病痛。

但是,对于生活中的绝大多数人来说,既然一切的美都是"非永恒性"的,那人类会不会因此坐以待毙、偃旗息鼓以缴械投降,或者助纣为虐和火上浇油呢?肯定不会的,有意义的生命一定会在绝地反击中获得永生,在背水一战中突出重围。于是,弗洛伊德在《论升华》中,提出了补救的三个措施:"这类措施也许有三个:强而有力的转移,它使我们无视我们的痛苦;代替的满足,它减轻我们的痛苦;陶醉的方法,它使我们对我们的痛苦迟钝、麻木。"③它们真的能取得预期的效果吗?结合提出的三个措施,他做了进一步的阐述。

措施之一:通过科学活动来转移痛苦。

这种方式是弗洛伊德最擅长的,他之所以能战胜生活中

---

① [奥地利]佛洛伊德:《图腾与禁忌》,杨庸一译,中国民间文艺出版社,1986年版,第10—11页。
② [奥地利]弗洛伊德:《弗洛伊德论美文选》,张唤民、陈伟奇译,知识出版社,1987年版,第170页。
③ [奥地利]弗洛伊德:《弗洛伊德论美文选》,张唤民、陈伟奇译,知识出版社,1987年版,第170页。

的悲苦,与坚韧不拔的意志力量、矢志不渝的科学追求和持之以恒的学术研究不无关系。他研究得最多的达·芬奇就是一位将"性"的苦恼成功转移到科学研究和科学发明上去的典范。

在《论升华》中,他说:"伏尔泰在《查第格》的结尾告诫人们要耕种自己花园的土地,其目的就是为了转移,科学活动也是这类转移。"[①]这篇小说的结尾是,主人公查第格最终回到了自己的国家,凭借自己的才识和胆量赢得了国王的宝座,并与爱人终成眷属。然而,伏尔泰在结尾处提出了两个谜语:"世界上哪样东西是最长的又是最短的?""什么东西得到的时候不知感谢,有了的时候不知享受,给人的时候心不在焉,失掉的时候不知不觉?"它们深刻反映了伏尔泰对人生、时间和幸福的哲学思考。因为猜解谜语充满了理性的判断和逻辑的推理,弗洛伊德把它当成是科学活动。人们沉迷于这项活动时,的确能转移注意力,暂时屏蔽了痛苦的存在。

措施之二:通过艺术创作来代替痛苦。

发愤著述,乐以忘忧,是中国文化人较为普遍的现象,从司马迁到陶渊明,再到曹雪芹等,莫不如此。热爱文学艺术的弗洛伊德是非常懂得艺术审美的心理治疗功能的,他研究的达·芬奇、米开朗琪罗、陀思妥耶夫斯基等就通过艺术创作代替并升华了痛苦,而成为一代大家。

他说道:"代替的满足正如艺术所提供的那样,是与现实对照的幻想,但是由于幻想在精神生活中担负的这种作用,它们仍

---

① [奥地利]弗洛伊德:《弗洛伊德论美文选》,张唤民、陈伟奇译,知识出版社,1987年版,第170页。

然是精神上的满足。"①伏尔泰在创作《查第格》时,正值他因政治原因被迫流亡英国期间,精神的痛苦不言而喻,作家通过主人公查第格在生活中不断遭遇各种磨难和背叛,最终通过智慧和坚韧获得成功这段经历使他对法国的社会制度和哲学思想有了更深刻的认识。作家和主人公有着同样的人生痛苦,主人公通过奋斗改变了命运,去除了痛苦,而作家并不因这部小说就能真正消除痛苦,只能够"借他人之杯酒,浇自己胸中之块垒",但伏尔泰对理性、正义和自由的追求却不曾泯灭,正如 1980 年代舒婷诗歌所传达意义——"痛苦使理想光辉"。

措施之三:通过身心陶醉来麻木痛苦。

当我们身心陶醉于科学活动、艺术世界和正义事业时,感到了其中的快乐与舒畅、充实与振奋是无以言表的,这不但麻木和减缓了痛苦,而且感受和体验到了它们崇高的人类理想、充沛的精神能量和美好的光明前景。相比之下,"风雨中这点痛算什么,擦干泪,不要怕,至少我们还有梦。"台湾歌手郑智化道出了我们的心声。

弗洛伊德是这样阐述陶醉的作用的:"陶醉的方法作用于我们的身体并改变它的化学过程……"②不论是科学活动的转移,还是艺术创作的代替,和自我麻木一样,本质上并未真正消除痛苦。陶醉是一种过分自信和自我欣赏的心理表现,即通常所谓的"自恋",它很容易在受到挫折或遭遇打击后,对他人失去信心

---

① [奥地利]弗洛伊德:《弗洛伊德论美文选》,张唤民、陈伟奇译,知识出版社,1987 年版,第 170 页。

② [奥地利]弗洛伊德:《弗洛伊德论美文选》,张唤民、陈伟奇译,知识出版社,1987 年版,第 170 页。

转而专注自己。弗洛伊德说:"当一个人承受机体的痛苦和不适应,就会失去对外界事物的兴趣,直到他们不再在意自己的苦难。"①让苦难者获得了一种阿Q式的精神胜利,虽然这不能改变现实和环境,但能改变认知和心境。陶醉包含的化学反应是一种叫作"多巴胺"的物质的飙升,让我们感到极度兴奋和快乐,甚至出现幻象,并且产生"上瘾"的错觉。

总之,弗洛伊德阐述的如何面对痛苦,科学活动是转移,艺术创作是代替,自我迷恋是陶醉,客观地说,这些措施仅仅是弗洛伊德作为医生的"专业建议",或许对那些患者会产生一定的治疗效果,具有相对性的"精神升华"价值,对于置身"悲本体"的人类而言,解除或减缓日常人生的痛苦,的确具有一定的实践借鉴和启发意义。也只有尽量减缓或暂时消除了痛苦,才能实现生命美的升华,否则我们就只能在这生命之悲的阴影下走完人生之路。

二、如何转移"性"

"性"之于人类生命可谓"悠悠万事,唯此唯大",之于弗洛伊德更是"念兹在兹"。在他的眼中,"性"是儿童迷恋母亲爱抚的本真流露,"性"是人类反抗文明压抑的自然释放,"性"还是作家创造文学作品的崇高升华,为此,弗洛伊德精辟总结了"文学史上三部杰作——索福克勒斯的《俄狄浦斯王》、莎士比亚的《哈姆雷特》和陀思妥耶夫斯基的《卡拉马佐夫兄弟》都表现了同一主题——弑父。而且,在这三部作品中,弑父的动机都是为了争夺

---

① [英]约翰·里克曼编:《弗洛伊德著作选》,贺明明译,四川人民出版社,1986年版,第148页。

女人,这一点也十分清楚"①。的确,在这三部作品中,"弑父"是表面现象,而"恋母"才是真实目的,其中所包含的"性意识"和"性成分",是这三部作品的潜在因素和内在力量。但是,它们又不是赤裸裸地呈现,而是通过审美的方式实现"性"的转移,俄狄浦斯王通过勤勉治理国家而完成转移,哈姆雷特在为父报仇的延宕中而实现转移,卡拉马佐夫兄弟在同情欲、信仰、理性与自由意志间的道德冲突中得以转移。

为了追求生命美的目标和境界,弗洛伊德在《论升华》里又说道:"防范痛苦还有一种方式是我们心理结构所容许的里比多的转移,通过这一转移,这种方式的功能获得了那么多的机动性。"②如前所述,消除痛苦,有科学活动、艺术创作和身心陶醉的途径,但如何在保留"性"及其作用的前提下,发挥所获得的机动性效能,让"性趣"向着更高的目标、更好的效果和更美的载体转移,这才是哲学意义的"扬弃"式转移。

其一,向着更高的目标转移。

"性"在人类生命的形成和发展过程中的巨大作用毋庸置疑,若不正确的引导和恰当的转移,就会变成洪水泛滥如猛虎下山;"性"在弗洛伊德的学术体系中的深刻意义不容小觑,既是心理动力学揭示的初始力,也是精神分析学强调的内蕴力。"我们把一种本能的原动力理解为驱动它的因素,是本能存在所需要

---

① [奥地利]弗洛伊德:《弗洛伊德论美文选》,张唤民、陈伟奇译,知识出版社,1987年版,第160页。
② [奥地利]弗洛伊德:《弗洛伊德论美文选》,张唤民、陈伟奇译,知识出版社,1987年版,第170页。

的力的大小,或能量的多少。"①他把里比多视为一种超越"生殖力量"的"精神能量",它犹如身体力量一样朝着更高更快更强的方向发展,就正如他在分析达·芬奇的创作能力时说的:"因为性本能具有升华能力:就是说,它有权力用另一些更高价值,却又不是性的目标来代替它的直接目标。"②这个更高的价值的目标是什么呢?

为此他在《论升华》中从学理上为性的转移提出了"弗式方案":"像科学家在解决问题或发现真理时一样,这类满足有一个特殊的性质,……只能把这样的满足形容为'高尚的和美好的'。"③他以科学家对真理的追求来满足好奇心和成就感为例,说明被文明社会常常谴责的"性"是可以而且能够转移,甚至升华到高尚和美好的目标上的。这里科学家可以和达·芬奇作一比较,他们的共同点都是和常人一样拥有里比多,达·芬奇是因为"恋母"的性力遭到他成长过程中文明的压抑和伦理的谴责,而转移到了艺术创作和科学发明上,而科学家则由于理想抱负和专心致志而放逐或冷落了"性",并顺势将它转移到了崇高而伟大的科学研究活动中去。

其二,向着更乐的效果转移。

在发现真理中追求"高尚的和美好的",一般只能是科学家一类杰出的人才做得到。弗洛伊德很清醒地认识到:"这种方式

---

① [英]约翰·里克曼编:《弗洛伊德著作选》,贺明明译,四川人民出版社,1986年版,第101页。
② [奥地利]弗洛伊德:《弗洛伊德论美文选》,张唤民、陈伟奇译,知识出版社,1987年版,第54页。
③ [奥地利]弗洛伊德:《弗洛伊德论美文选》,张唤民、陈伟奇译,知识出版社,1987年版,第171页。

的弱点是不能普遍适用于人的,它只能为少数人所用。"因为"当痛苦来自这个人自己的身体时,它常常就失去了作用。"①毕竟这种纯粹属于精神的享受,与"性"本身的享受是不可同日而语的。有没有一种"鱼与熊掌兼得"的策略呢?既有身体的享受,又有精神的满足,"正如艺术家在创作中,在实现他的幻想中得到的快乐一样",②这就是他很看重的"白日梦",即幻想。这是一种零成本、低消耗、无依托,也无须影响他人的自得其乐。借助这种幻想产生的快乐,可以"以梦为马"自由驰骋在想象的世界,在梦游的状态中放飞自我,在虚幻的境界里实现自我。

幻想在弗洛伊德的精神治疗过程中,就是自由联想,它的"预期效果是,它把被压抑的潜意识内容带入了意识"。③这个压抑了的潜意识就是里比多,但一旦进入意识领域后,里比多不但不能产生快乐,反而会带来烦恼,于是只好借助幻想转移"性"的东西,进而获得新的快乐。因为"产生幻想的那个领域是对生活的想象,当现实感发展了的时候,这个领域显然避开了现实检验所提出的要求,并为了实现那难以实现的愿望而保留下来"。④在这段话中,幻想不是空穴来风,而是"对生活的想象","现实感的发展"是对现实生活有了新的要求和理解,但那"难以

---

① [奥地利]弗洛伊德:《弗洛伊德论美文选》,张唤民、陈伟奇译,知识出版社,1987年版,第171页。

② [奥地利]弗洛伊德:《弗洛伊德论美文选》,张唤民、陈伟奇译,知识出版社,1987年版,第171页。

③ 熊哲宏:《心灵深处的王国——弗洛伊德的精神分析学》,湖北教育出版社,1999年版,第164页。

④ [奥地利]弗洛伊德:《弗洛伊德论美文选》,张唤民、陈伟奇译,知识出版社,1987年版,第171页。

实现的愿望"即原始的本能欲望还是保留下来了,但它依然受到压抑,使得人生不快乐。那么,怎样才能快乐呢?虽然海阔天空的幻想,对治疗精神疾病有所帮助,但是对于绝大多数的正常人,这样的幻想无疑是画饼充饥。

其三,向着更美的活动转移。

针对"性"的转移,如果说真理的追求是高尚的,但只有少数人才能做得到,幻想的快乐是容易的,但总是有一种空空如也的感觉;于是只有艺术的活动才是既高尚又美好的,因为艺术的创作固然需要天才,而艺术的欣赏却是大众化的。的确,白日梦的幻想不着边际,它是"年轻艺术家的想象力的产物。他创造它们是为了自我娱乐,他在这里表达了旅游世界和探险的愿望"[1]。艺术的创作和欣赏都是以美为目的和追求的,弗洛伊德以达·芬奇的艺术创作为例说明了"一个艺术家创造的东西同时也是他的性欲望的一种宣泄",[2]这种"性"转移的宣泄是有益无害的释放,更是精神能量的一次壮美的大爆发,从而彰显出"他升华原始本能的非凡能力"。[3]

对此,他在《论升华》中又做了进一步的阐述:"幻想带来的快乐首先是对艺术作品的享受——靠着艺术家的能力,这种享

---

[1] [奥地利]弗洛伊德:《弗洛伊德论美文选》,张唤民、陈伟奇译,知识出版社,1987年版,第95页。
[2] [奥地利]弗洛伊德:《弗洛伊德论美文选》,张唤民、陈伟奇译,知识出版社,1987年版,第98页。
[3] [奥地利]弗洛伊德:《弗洛伊德论美文选》,张唤民、陈伟奇译,知识出版社,1987年版,第101页。

受甚至被那些自己并没有创造力的人得到了。"①由于有了艺术创作的意向和实践,释放里比多的白日梦一样的幻想变成了审美想象,由于进入了艺术作品的欣赏和理解,再也不会信马由缰地幻想了,而是让里比多的释放纳入了审美的渠道,将本我的"性"转移为自我的"情"和超我的"爱"。尽管有着如此高大上的效果,但是弗洛伊德也清晰地认识到了,"艺术在我们身上引起的温和和麻醉,可以暂时抵消加在生活需求上的压抑,但是它的力量决不能强到可以使我们忘记现实的痛苦……"②这再次表明了弗洛伊德所具有的客观、理性和冷静的科学家品质,当然这丝毫不影响他那浪漫而温柔的美学家气质。

三、如何发现"美"

作为一个美学家的毕生使命是为"美"的事业而不懈努力,弗洛伊德概莫能外。他告诉世人在面对生活之"痛"时所选择的"艺术创作"和"身心陶醉",在转移生命之"性"时所期待的"升华"、所体验到"快乐"、所投入的"幻想"等都与"美"——审美活动息息相关。他救死扶伤的医疗实践、奖掖后学的学术传承,还有他关爱家人、热爱生活、坚持道义和战胜病魔等等,无一不体现出他对生命之美的无比向往并全力追求的生命美学的境界。

在《论升华》中,弗洛伊德首先是作为一个科学家的身份来论美的,或者说对美是从理性角度来论述的,因此,他深知尽管

---

① [奥地利]弗洛伊德:《弗洛伊德论美文选》,张唤民、陈伟奇译,知识出版社,1987年版,第171页。

② [奥地利]弗洛伊德:《弗洛伊德论美文选》,张唤民、陈伟奇译,知识出版社,1987年版,第171页。

"精神分析学对美几乎也说不出什么话来",尽管"美没有明显的用处,也不需要刻意的修养",[①]但是,这丝毫不影响和降低他的美学思想和美学高度,虽然他没有留下长篇大论的美学著述。

在经历"痛"和体验"性"之后,他是如何发现"美"的呢?

首先,从生活经历中发现美。

且不说罗丹的名言"生活中不是缺少美,而是缺少发现美的眼睛",也不必说宋人罗大经的"尽日寻春不见春,芒鞋踏遍陇头云。归来笑拈梅花嗅,春在枝头已十分"。的确,从生活中发现美是人类从古到今的一个寻常而普遍的愿望,对于犹太民族出身、人生经历坎坷和晚年身患绝症的弗洛伊德来说,更是深知个中滋味,并倍加珍惜的。于是在《论升华》里提出了"生活中的幸福主要来自对美的享受"的观点,将生活与美的关系,引入了"幸福"的标准和"享受"的实现。这里的生活不是一般的寻常意义的生活,而是充满幸福感的生活——能够享受美的生活;这里的美不是思辨王国里的美,而是真真切切被我们享受到的美——存在于寻常且充实的生活中的美。

在生活中享受美的前提是先要在生活中发现美。如何在生活中发现美,弗洛伊德没有在艺术创作或审美技巧方面予以说明,我们可以从他对两个世界级文学艺术家的关注中找到生活与美的关系的答案。一个是达·芬奇,童年的达·芬奇尽管有生母和后母及其家人的悉心呵护,作为私生子是不幸中的万幸,这段经历形成了他格外且专注地从女性身上发现美的癖好,他创作的女性系列形象,尤其是微笑中的女性,就是他对美的天才

[①] [奥地利]弗洛伊德:《弗洛伊德论美文选》,张唤民、陈伟奇译,知识出版社,1987年版,第172页。

发现。另一个是成年后癫痫症状愈来愈严重的陀思妥耶夫斯基,少年时他父母双亡,后来又遭遇流放,债务缠身,生活没有给他带来一丁点的幸福,于是他在文学创作中发现了生活的意义。难怪弗洛伊德在《论升华》中反复强调艺术的"幻想"能带来生活的"快乐",在真实的生活中不能发现美,那就在艺术的生活中发现并且享受美吧,因为"为了生活的目的,审美态度稍许防卫了痛苦的威胁,它提供了大量的补偿"[①]。这两位大师就是用文学艺术来减弱了现实的痛苦,并达到了生活的目的。

其次,在人生过程中发现美。

无数个生活浪花形成了人生河流,无数个生活瞬间连接成人生过程,在若干生活片段中实现美的发现也就构成了人生过程中美的发现。综观弗洛伊德的一生,尽管辛苦遭逢,但是少年有双亲的关爱,青年有学业的进步,中年有事业的收获,晚年有学界的声誉,一定意义上,算是"人生赢家",并且就最为广泛的人生贡献而言,他不论是行医,还是治学,抑或是结社交友、娶妻生子,整个过程都充满着真善美的正能量。为此,他在《论升华》里说道:"我们的感觉和判断究竟在哪里发现美呢——人类形体和运动的美,自然对象的美,风景的美,艺术的美,甚至科学创造物的美。"[②]这里,不是职业美学家的弗洛伊德一口气列举了这么多"美",几乎囊括了整个美学理论所包含的美的种类。无疑,要发现这么丰富多彩的美,须得贯穿整个人生过程。

---

① [奥地利]弗洛伊德:《弗洛伊德论美文选》,张唤民、陈伟奇译,知识出版社,1987年版,第172页。

② [奥地利]弗洛伊德:《弗洛伊德论美文选》,张唤民、陈伟奇译,知识出版社,1987年版,第171—172页。

作为一个有价值的社会人,如何在人生过程中发现美呢?弗洛伊德已经身体力行地做出了表率。学生阶段,他博览群书,不断地发现未知世界的美好;工作期间,他治病救人,真切地分享着为患者解除病苦的美感;旅游途中,他流连忘返,投入地体验着自然风光和人文风情的美妙。特别是他对工作的审美态度,值得我们借鉴。他在《论升华》文章注释[3]里说道:"作为通向幸福的道路,人们对工作并不作高度的评价。他们并不像为其他的满足那样为它而奋斗。"① 这不是说他不认真对待工作,而是淡化工作的实际意义,更多地是体验工作带来的满足感、成就感和幸福感。无疑,这是一种过程论的审美人生观。难怪弗洛伊德从医三十七年,就是患癌期间也未停止给患者治病和钻研学问、传播学术。

最后,在生命体验中发现美。

不论是"痛"的难受,还是"性"的亢奋;不论是快乐的沉醉,还是幻想的放飞,都是生命的体验——美丑并存的体验。但是,为了生命的升华和升华的生命,弗洛伊德总能从中发现美——自然的美和艺术的美、人体的美和心灵的美、静态的美和动态的美。无疑,这一切都是生命之美的最好印证和诠释,用他的话说就是:"美的享受具有一种感情的、特殊的、温和的陶醉性质。"② 如此"美"的"享受",尽管不是哲学意义上美的解释,但它是生命体验时对美的发现,不但符合鲍姆嘉通有关美的感性学定义,而

---

① [奥地利]弗洛伊德:《弗洛伊德论美文选》,张唤民、陈伟奇译,知识出版社,1987年版,第172页。

② [奥地利]弗洛伊德:《弗洛伊德论美文选》,张唤民、陈伟奇译,知识出版社,1987年版,第172页。

且吻合康德关于美的主体性意义;如果说前二位是在象牙塔里"思辨"的美,那么弗洛伊德就是在生命过程的体验中"发现"的美,它更充满里比多的激情,也富于白日梦的浪漫,还有着无意识的玄妙。

生命体验之所以能发现美,学者们留下了很多准确而精彩的阐释,而他运用精神分析的原理作了生动而切实的阐述,即个体"通过在内部的、精神的过程中寻求满足,来使自己独立于外部世界"。① 弗洛伊德不是艺术家,不善于创造一个艺术形象来发现生活中的美,他只能用他最擅长的心理分析,在里比多的冲动中,在白日梦的幻想中,即在个体精神世界的游离时发现美。这种在生命体验中发现的美,不是"纸上得来"的"终觉浅",而是"绝知此事"的"要躬行"。结合弗洛伊德的理论看,这个最强大、最深刻、最有力的"躬行",就是他总结并弘扬的原欲理论。在《论升华》文章最后,他概括为:"'美'和'魅力'是性对象的最原始的特征。"②弗洛伊德说出了一句不仅是生活,更是生命的大实话:性的体验和表现是生命之情的本真性体验和生命之爱的升华式表现。

性——生命之美亘古回响的永恒旋律!

---

① [奥地利]弗洛伊德:《弗洛伊德论美文选》,张唤民、陈伟奇译,知识出版社,1987年版,第171页。
② [奥地利]弗洛伊德:《弗洛伊德论美文选》,张唤民、陈伟奇译,知识出版社,1987年版,第172页。

结语：踏上天使之路

> 我们如今所剩下的只有对祖国日益增长着的爱，对最亲近的人更加深厚的温柔情感和对我们共同所具有的东西的不断充溢着的自豪感。[1]
>
> ——弗洛伊德

判别魔鬼与天使的差距并非水火不容，弗洛伊德用"性"诠释了二者的内涵。

测量医学和美学的距离不是从南极到北极，弗洛伊德用"爱"连通了它们的关系。

如果说，魔鬼之"性"使生命返璞归真，天使之"性"让生命流光溢彩，那么，医学之"爱"为人类救死扶伤，美学之"爱"将人类脱胎换骨。

于是，弗洛伊德踩着"性"的风火轮，张开"爱"的大鹏翅，开始了逃离魔鬼之狱，踏上天使之路的漫漫征程……我们借助这部《弗洛伊德论美文选》，和他一道重建艺术之都，感受审美之乐，发掘生命之美。当我们初步完成这三项工作后，和所有弗洛伊德的研究者一样，对他有了全新的认识。

---

[1] 中国社会科学院哲学研究所美学研究室编：《美学译文(3)·论非永恒性》，刘小枫译，中国社会科学出版社，1984年版，第327页。

韩国神经精神医学会会长李武石博士说:"精神分析使人重获自由,让人们的心灵从束缚中解脱出来,这是人类的财富。"①

弗洛伊德的好友、英国著名心理学家欧内斯特·琼斯说:"他顶多算是我们常见的'快乐的悲观主义者'而已,快乐爽朗的他也用这个词形容自己,但这个词不够恰当,我认为不妄想的'现实主义者'或许才是最适合他的说法。"②

华东师范大学徐光兴教授说:"弗洛伊德是一个谜,也是一座艺术和心理学的宝库,尽管他的思想引起很多人的争议,但我们毫不怀疑他是人类思想史上的一位巨人。"③

在人类由魔鬼成为天使的蜕变路上,弗洛伊德还将给我们哪些新的启发呢?

一、人的理解

人是什么? 一直是人类自我认识的永恒之问。

"人啊,认识你自己!"围绕雅典德尔菲神庙上的这句神谕,索福克勒斯提出了伟大的"斯芬克斯之谜":说的是一种动物早晨四条腿,中午两条腿,晚上三条腿走路,谜底是"人"。莎士比亚唱出了壮丽的"人的赞歌":宇宙的精华,万物的灵长!《弗洛伊德论美文选》的第一篇就是《〈俄狄浦斯王〉与〈哈姆雷特〉》,虽然这是一篇精神分析文章,但仍可视为一次人学理论的探究。

---

① [韩]李武石:《寻找弗洛伊德:精神分析理论与经典案例·中文版序》,李光哲、李东根、杨华瑜译,科学出版社,2014年版,第1页。
② [奥地利]弗洛伊德:《人类精神捕手:弗洛伊德自传》,王思源译,华文出版社,2018年版,第10页。
③ [韩]李武石:《寻找弗洛伊德:精神分析理论与经典案例》,李光哲、李东根、杨华瑜译,科学出版社,2014年版,插页。

看似巧合的背后,却有着深刻的历史必然,因为弗洛伊德的临床实践和理性思考,针对的只有一个对象——人,尽管他没有给人是什么下过定义。

其实,人是什么的定义不重要,而对人的理解才是人类文明的关键所在,更是生命美学的首要任务。亚里士多德认为"人是理性的动物"。理性主义哲学是西方文化的一个核心学科,相应地理性也成为西方哲学的一个重要特质。正因为如此,尊崇理性也就成为西方文化长期以来的传统,及至17世纪笛卡尔的"我思故我在"视"思"为"在"的前提,18世纪康德的"三大批判"将理性主义推上了巅峰。19世纪恩格斯说:"宗教、自然观、社会、国家制度,一切都受到了最无情的批判;一切都必须在理性的法庭面前为自己的存在作辩护或者放弃存在的权利。"[1]既陈述了对理性的批判,又重申了理性的使命。

19世纪自然科学三大发现的细胞学说、能量守恒定律和生物进化论证明了自然界的各种物质运动形式,都可以在一定的条件下互相转化的重大发现;还有波及整个欧洲的1848年革命是阶级分裂的标志,"资产阶级"和"无产阶级"的对立首次植根于欧洲人的意识当中。"三大发现"和"一次革命",这在人的认识史上,从现实和历史或科学和逻辑两个方面促使理性主义的权威如日中天,达到登峰造极的地步;然而这一切,并没有阻止第一次世界大战爆发和反犹太运动的扩展。

弗洛伊德见证和经历了这一切,并陷入了空前的迷惘和深深的沉思。理性的人类做出了极端的非理性的事情,在诞生过马克思和恩格斯,产生过康德、莱辛、歌德、黑格尔、海涅、费尔巴

---

[1] 《马克思恩格斯选集》第三卷(下),人民出版社,1972年版,第404页。

哈的土地上,居然也会产生希特勒和纳粹集团。这种对理性的失望促使人们继续寻找隐藏在人类行为背后更深一层的原因,传统心理学的无能为力,使得学者不得不深入到心理背后的精神领域去寻找答案。"弗洛伊德所创立的精神分析学即是被誉为解答了这一疑问的理论之一。有些西方学者认为,随着精神分析学的诞生,理性的绝对统治地位动摇了。"①

这位人类精神世界的探险者不无失望地说道:"总体上我从人类身上鲜有发现'好的'东西,根据我的经验,大部分都是糟粕。"②他还直陈:"人类并不是温和的动物。温和的动物希望得到别人的爱,而且在受到攻击时最多只会尽力保卫自己。相反,在人这种生物的本能禀赋里,我们能发现强大的攻击性成分。"③如此一来,就将人类理性主义文明千百年建立的公平正义和友爱慈善鞭挞得体无完肤。

并由此形成了他的非理性人学思想,尽管他不是非理性哲学的始作俑者,但他从医学和心理学上弘扬光大了19世纪中期由叔本华和克尔凯郭尔开创的这股思潮。非理性主义强调主体的主观性,推崇意志的自由性,看重直觉的个人性,否认理性在认识中的重要性。弗洛伊德用无意识来颠覆理性意识,用性本能来置换社会意识,用白日梦来说明创造意识。他还认为,人的本能是追求快乐,避免痛苦,当欲望得不到满足时,个体就会经

---

① [奥地利]弗洛伊德:《弗洛伊德论美文选·译者序》,张唤民、陈伟奇译,知识出版社,1987年版,第2页。
② 转引自安东尼·斯托尔:《弗洛伊德与精神分析》,尹莉译,外语教学与研究出版社,2008年版,第177页。
③ [奥地利]弗洛伊德:《文明及其不满》,严志军、张沫译,浙江文艺出版社,2019年版,第59页。

历痛苦和焦虑;又通过梦的解析,弗洛伊德发现梦是无意识欲望的表现,梦中的象征意义反映了被压抑欲望的化装出行。弗洛伊德的精神分析学说,启发着我们必须重新理解人的内涵和使命。

文明越是强大,我们越是要允许人释放反文明的欲望。

社会越是进步,我们越是要宽容人追求本能性的快乐。

理性越是发达,我们越是要鼓励人开掘非理性的意识。

从而建构一幅全新的人学地图。弗洛伊德如此惊世骇俗的人学观点,虽然标新立异,但它却有着片面的深刻性;如此离经叛道的哲学思想,虽然前卫尖锐,但它却富有思想的启蒙性;如此别开生面的美学理论,虽然令人咋舌,但就生命美学而言,对"人是什么"的千古疑问,不能不说是一次极大的丰富、极度的开掘,并显示出积极的进取姿态。

二、人的命运

说到人的命运,无疑是一个格外沉重的话题,不必说人类上百万年的穴居野处,也不必说个体近十个月的怀胎孕育,由于人类生命内在矢量的正向性,即"本质力量"的驱动,必然要走出茹毛饮血的混沌和暗无天日的母腹。

步入文明时代后,人类取得了三次伟大的胜利:第一次是以四大文明为代表的理性精神战胜了听天由命的原始蒙昧,第二次是以文艺复兴为代表的人文精神战胜了上帝万能的宗教意识,第三次是以工业革命为代表的科技精神战胜了身体能量的自然法则。同样地,近代以来,在人类进程的历史上人类又遭遇了三次沉重打击:第一次是哥白尼,他告诉我们,地球并不是宇宙的中心,只是围绕着太阳转的一个普通行星。第二次是达尔文,他告诉我们,人类也并不是什么神创造的,也没有什么了不起,我们的祖先只不过是普通的大猩猩。第三次就是弗洛伊德,他告诉我们,人类其实并没有那么理性,和其他普通动物一样,都是受本能驱使的动物。

如果说人类取得的三次胜利要数第一次最为伟大,因为它奠定的理性法则引导和规范了人类文明的发展方向,那么人类遭受的三次打击要数第三次最为沉重,因为它从根本上动摇了人的地位和尊严。"从此,精神分析学不再被单单视为一种治疗疾病的方法,而是作为一种理解人类动机和人格的理论体系而建立了起来。"①数万年才走出动物状态的人类一夜之间又被打回原形,数千年的人类文明积累起来的思想财富顷刻之间荡然无存,数百年工业革命开发的机器力量还不如人体内的里比多强大,这从另一个角度说明了:"弗洛伊德的思想体系有一个致命的缺点,即他的全部学说贯穿着生物学观点,否定人性的历史性,否定社会、文化因素对人格发展的影响。"②他的思想核心是用强大的自我意识来否定人的社会意识。

长期的临床治疗经验使弗洛伊德推翻了自我意识是意识中心的定论,如同地球围绕太阳转动一样,自我围绕隐藏在背后的无意识转动,因此精神的实质是无意识的。他通过对被遗忘的存在——无意识的探索,实现了一场哥白尼式的"人的革命"。米歇尔·福柯在1964年宣读的论文《尼采、弗洛伊德、马克思》中,把尼采、弗洛伊德和马克思称为怀疑大师。他们对于西方当

---

① [奥地利]弗洛伊德:《弗洛伊德论美文选·译者序》,张唤民、陈伟奇译,知识出版社,1987年版,第6页。
② [奥地利]弗洛伊德:《性学三论·精神分析经典译丛出版说明》,浙江文艺出版社,2019年版,第1页。

代批判思想的意义在于各自发挥了根本性"去中心"作用,是继哥白尼、达尔文之后人类思想史上的第三次革命。长久以来占统治地位的地球中心论、人类中心论、意识中心论受到了毁灭性的打击。

人的命运被弗洛伊德"妖魔化"改写,是否就意味着他一无是处而应把他弃如敝屣?肯定不能简单化地理解弗洛伊德。那么如何看待他有关人类命运的"非主流"思想呢?

我们一般说命运不公、备受摧残多半指的是外在的时代原因和社会环境造成的人生悲剧,弗洛伊德本人就是因为先天的犹太人出身和后来的口腔癌而"命途多舛",但弗洛伊德却专注于"另一类"人群,有精神障碍的人,他不仅从医学上予以治疗,而且从心理学上予以开导,更是从人的精神结构上予以研究。或许在临床表现上这是少数人,但从精神健康来看却关乎着多数人。对他们命运的关注并思考,也是关注并思考我们——人类的命运。就这个意义而言,弗洛伊德不仅是在治疗精神疾病患者,而且是在提醒医学哲学和生命美学学者应具有的普世情怀,在思想上的"防患于未然",在行动时的"治未病之病"。

对此,弗洛伊德做到了身体力行。不但悬壶济世,而且殚精竭虑。这部《弗洛伊德论美文选》致力于"精神分析学在美学上的应用",既剖析了"弑父娶母"的俄狄浦斯和"优柔寡断"的哈姆雷特,也关注戏剧中的变态人物,还研究私生子达·芬奇、癫痫病人陀思妥耶夫斯基,其目的是"遵循美的规律,用快乐这种补偿方式来取悦于人"。[①] 虽然他们是容易被人们忽略的"少数

---

① 〔奥地利〕弗洛伊德:《弗洛伊德论美文选》,张唤民、陈伟奇译,知识出版社,1987年版,第139页。

人",但作为人的存在价值和社会尊严是不容忽视的。或许他们就是"潜在患者"的我们,他们的今天也许就是我们的明天。

想起了海明威的《丧钟为谁而鸣》前面引用的约翰·多恩的话:"每个人的死亡都是我的哀伤,因为我是人类的一员。因此,不要问丧钟为谁而鸣,它就为你而鸣!"

这就是"人类命运共同体"。

三、人的境界

尽管弗洛伊德研究的是病态的人,但从他的言行和著述、人品和情怀、理想和追求看,他心目中的人不仅是"大写的人",更是"真实的人"。

不论是他经历的悲本体人生,还是他诊治的精神病患者,抑或是笔下的另类型名人,其共同特征都是命运的弃儿、人生的不幸者,如他所说的:"生活正如我们所发现的那样,对于我们来说是太艰难了;它带给我们那么多痛苦、失望和难以完成的工作。"[①]但他们并没有自暴自弃,也没有逆来顺受,更没有偃旗息鼓,而是努力逃离魔鬼的黑暗,奔向天使的光明。

随着19世纪后期"上帝死了",各种哲学的、社会的、艺术的"主义"纷至沓来,煞是热闹,然而虚无主义的时代病症却泛滥成灾,当代世界进入了没有宗教信仰、没有神圣价值、没有超越精神的时代,恰如中国当代著名朦胧诗人北岛《宣告》的:"我并不是英雄,在没有英雄的年代里,我只想做一个人。"尽管弗洛伊德曾梦想成为摩西、汉尼拔、拿破仑一样的英雄,但出身的种族、从

---

① [奥地利]弗洛伊德:《弗洛伊德论美文选》,张唤民、陈伟奇译,知识出版社,1987年版,第170页。

事的职业,加上平庸的时代和沉闷的环境,他只能做一个普通的人,但这并不能阻止他追求的"人的境界"——生命意义的美学境界的脚步。

其一,于悲痛的感受中追求幸福。

不论是从生命的必然性悲剧看,还是从人生的偶然性病痛看,苦难都是人类如影随形的伴侣,也是伴随弗洛伊德终生的"难友",这里不再赘述他的不幸遭遇。他是这样界定人生之悲的:"悲痛一般是对于失去所爱的人的反应,或者是失去某种抽象的东西,例如祖国、自由、理想等等。"①这既有形而下的生活之痛——人生不幸之痛,又有形而上的生命之悲——意义失落之悲。

不因悲痛的不可避免和欢乐的受到压抑而放弃对幸福的追求,他在《弗洛伊德论美文选》中多次提及艺术的目的是带来快乐,还专门著文《超越快乐的原则》,在《图腾与禁忌》里直接指出:"我想人生的目的主要还是由享乐原则所决定。"还论述了"追求幸福的方法"。② 在《文明及其不满》中他问道:"人类生活的目的是什么?"目的就是"人们追求幸福。他们想获得幸福,并保持幸福"。③ 尽管他很多时候把这种快乐和幸福界定在性的满足上,"话丑理端",但毕竟说出了一句大实话,这种肯定和捍卫生命本能幸福的勇气,值得敬佩。

---

① [英]约翰·里克曼编:《弗洛伊德著作选》,贺明明译,四川人民出版社,1986年版,第170页。
② 黄龙保、王晓林:《人性升华——重读弗洛伊德》,四川人民出版社,1996年版,第158、160页。
③ [奥地利]弗洛伊德:《文明及其不满》,严志军、张沫译,浙江文艺出版社,2019年版,第22、23页。

其二，在战乱的环境里追求和平。

进入20世纪后，欧洲大地危机四伏，战乱频仍。弗洛伊德经历了第一次世界大战、1929年的经济危机和第二次世界大战的前夜。1916年他的两个儿子应征上了前线，他每天都关注着战事，担心儿子的安危；加上战时的奥地利物资短缺、供应不足，他在给朋友的信中说："我的精神并没有受到动摇。……这就表明，一个人的精神生活是多么重要啊！"[1]毫无疑问，这是渴望和平的精神信念。

第一次世界大战爆发后，弗洛伊德较为系统地形成了关于战争与和平的思考。1915年写成了《对目前战争与死亡的看法》，以后又在《一种幻想的未来》《文明及其不满》中有所论及，但集中表达这方面观点的是1932年弗洛伊德致爱因斯坦的《缘何而战？》这封书信。他开篇即提出了"如何才能帮助人类摆脱战争的厄运？"他从人类的暴力倾向说起，揭示了生与死的两种本能，阐述了"我们之所以会如此抵制战争"的理由，最后留下了一个疑问："我们需要等候多久，才能看到全人类都成为和平主义者？"[2]呼唤和平，情真意切。

其三，从死亡的阴影中追求永恒。

弗洛伊德在社会的层面谴责战争的灾难，是因为战争导致死亡，在人性的深度上，他知道死亡是生命的本能。作为医生，他见过了太多的死亡，加之他还是一个善于推己及人的学者，注重从个人的经历、梦幻和亲人的死亡中感同身受并反躬自问地

---

[1] 高宣扬编著：《弗洛伊德传》，作家出版社，1986年版，第258—259页。
[2] [奥地利]弗洛伊德：《文明及其不满》，严志军、张沫译，浙江文艺出版社，2019年版，第168、181、183页。

体会人生和感悟生命,他深知"生命的目标都是死亡"。[1] 尽管如此,有意义的生命都是在凤凰涅槃中浴火重生,在直面并超越死亡阴影下追求永生。

生命中的死本能并非生物学视域中的死亡,而可视为社会学意义的生本能,即爱的欲望诉求,在必然性的死亡中追求生命的意义。"死亡本能与爱欲共存,死亡本能和爱欲一起享有对世界的统治权。"[2]这当然不是世俗领域的"统治权",而是作为人的精神层面的"优越感",这是一种巨大而无穷的"'天神力量'。即永恒的爱欲"。[3] 弗洛伊德由死本能而派生出的生本能,所具有的生命美学意义就是:"面对死亡,我们淡化本能恐惧,注重意义寻求;面对生命,我们淡化死亡结果,注重现世过程。"[4]

向死而生,变恨为爱。

人类生命追求的现实境界:不是成为天使,而是成为行进在通向天使路途上的凡人。

初稿于2025年1月29日农历大年初一
改稿于2025年2月20日农历正月二十三

---

[1] [英]约翰·里克曼编:《弗洛伊德著作选》,贺明明译,四川人民出版社,1986年版,第213页。

[2] [奥地利]弗洛伊德:《文明及其不满》,严志军、张沫译,浙江文艺出版社,2019年版,第6页。

[3] [奥地利]弗洛伊德:《文明及其不满》,严志军、张沫译,浙江文艺出版社,2019年版,第96页。

[4] 范藻:《叩问意义之门——生命美学论纲》,四川文艺出版社,2002年版,第233页。

附录一：
沿波讨源　虽幽必显
——《弗洛伊德论美文选》的逻辑结构

准确意义上说，弗洛伊德是心理学家而不是美学家，但是在他的著述中又广泛涉及到了艺术学和美学，这本《弗洛伊德论美文选》就是最好的证明。然而它不是一部体系严密的美学著作，"全书文章的排列按其发表或写作的年份先后为序"，这是译者在序言里解释过的，也就大致形成了他美学思想的时间意义上的逻辑结构。希望通过对它时间—逻辑结构的梳理，帮助我们了解他美学思想的形成和发展，也算是一次"导读"吧。

九篇文章从1900年到1930年，集中展示了弗洛伊德后期的研究成果，都是建立在他已经成熟了的精神分析学理论基础上的美学思考，或曰是他从自然科学的精神分析理论到人文科学的生命美学的拓展。这九篇文章或长或短，完全是按时间的先后编辑的，似乎缺乏内在的逻辑关联，但经过精心研读和认真梳理，就能够发现其中思想演变的轨迹，内容前后的联系，所谓"沿波讨源，虽幽必显"。

一、从戏剧人物到文艺主题

弗洛伊德精神分析针对的是人，当然主要不是普通的正常人，而是有精神方面疾病的人，在他的著述中有大量的治疗个案,为了进一步剖析人类的精神世界和深入说明个体的心理问题,他又引入了文学艺术里的人物,以此填补了艺术人物学的空白,并极大地丰富和充实了生命美学意义上关于"爱"的艺术主题。

《弗洛伊德论美文选》前两篇是《〈俄狄浦斯王〉与〈哈姆雷特〉》和《论戏剧中的精神变态人物》,谈论的都是戏剧里的人物,特别是戏剧艺术史上最伟大的两位:俄狄浦斯王和哈姆雷特。在"变态人物"里除了指名道姓的哈姆雷特外,还提到了索福克勒斯笔下的埃杰克斯、菲罗台特,以及易卜生的戏剧、赫尔曼·巴尔的《别人》等里面的非正常人物。他指出变态人物除了存在于悲剧外,还在宗教剧、社会剧和心理剧中存在,尽管他的戏剧分类伴有交叉,但在他看来有心理疾病的人就像广泛存在于生活中一样,也广泛存在于戏剧中。他以哈姆雷特为例说明这些人物"由正常人变成了神经病患者,就是说,在这个人身上,一直被成功地压制着的冲动,正努力要变成行动"。[①] 尽管有压抑感觉与反压抑行动产生的痛苦,导致人物内心的焦虑,但是追求快乐是他作为医生之于病人和学者之于人生的人类生命的基本需求,从而形成了文学艺术的主题:抗争悲剧而带来的崇高意义的生命大爱。

如何反抗生命悲剧、解除文明的压抑,《弗洛伊德论美文选》的第三篇《作家与白日梦》里认为可以通过艺术性的虚构和白日梦的幻想来化解悲剧,带来快乐,"在虚构的戏剧中却能够产生乐趣。许多激动人心的事情本身实际上是令人悲痛的,在一个

---

① [奥地利]弗洛伊德:《弗洛伊德论美文选》,张唤民、陈伟奇译,知识出版社,1987年版,第24—25页。

作家的作品上演时,它们却能够变成听众和观众的快感的源泉。"①接下来第四篇以达·芬奇的经历、第五篇以米开朗琪罗的创作为例,说明艺术和艺术创作,如达·芬奇因为性障碍"受到的指责的乃是一些伟大的艺术家们的普通特征:甚至精力旺盛的米开朗琪罗——一个为他的作品彻底献身的人,也留下了一些未完成的作品;在这样一个可以类比的情况中,就能明白列奥纳多和米开朗琪罗一样,并无过错可言"。② 他们俩之所以没有过错,是因为达·芬奇用艺术创作和科学活动,实现了"伟大的爱只产生于对爱的对象的深刻的认识"③,将恋母之爱转换为事业之爱。米开朗琪罗之于雕塑《摩西》,他"创造的不是一个历史的人物,而是一个体现了制服冥顽世界的永不衰竭的内在力量的典型性格"。④ 在米开朗琪罗对这个历史人物的艺术性的创造中,表现了摩西对芸芸众生的大爱。

在第八篇《陀思妥耶夫斯基与弑父者》里,指出"在陀思妥耶夫斯基丰富的人格里,可以区分出四个方面:有创造性的艺术家,神经病患者,道德家和罪人"⑤。在这个变态者内心深处潜

---

① [奥地利]弗洛伊德:《弗洛伊德论美文选》,张唤民、陈伟奇译,知识出版社,1987年版,第30页。
② [奥地利]弗洛伊德:《弗洛伊德论美文选》,张唤民、陈伟奇译,知识出版社,1987年版,第45页。
③ [奥地利]弗洛伊德:《弗洛伊德论美文选》,张唤民、陈伟奇译,知识出版社,1987年版,第50页。
④ [奥地利]弗洛伊德:《弗洛伊德论美文选》,张唤民、陈伟奇译,知识出版社,1987年版,第122页。
⑤ [奥地利]弗洛伊德:《弗洛伊德论美文选》,张唤民、陈伟奇译,知识出版社,1987年版,第149—150页。

藏着"他对爱的极大需要和他巨大的爱的能力",表现出他是一个集施虐狂和受虐狂于一体的"最温和、最仁慈和最乐于助人的人"。[①] 陀思妥耶夫斯基创作的《卡拉马佐夫兄弟》,尽管展示了生命的痛苦和人性的复杂,但里面佐西马长老坚信的"爱能拯救世界"的主题,还有阿廖沙感叹的"爱生活胜于爱生活的意义"无疑是这部巨作的精神力量。

在这篇文章中,弗洛伊德带有总结性地指出:"文学史上的三部杰作——索福克勒斯的《俄狄浦斯王》、莎士比亚的《哈姆雷特》和陀思妥耶夫斯基的《卡拉马佐夫兄弟》都表现了同一个主题——弑父。而在这三部作品中,弑父的动机都是为了争夺女人,这一点也十分清楚。"[②]如果说"弑父"是为了反抗文明成熟的"后遗症",那么"恋母"就是回归文明初期的"原生态",延续数万年的母系氏族社会给人类带来的"集体无意识",并借此传递一个悠久而永恒的艺术主题:母系社会对人类烙下的最深沉的生命之爱。

二、从艺术创作到审美接受

弗洛伊德不但不是准确意义上的美学家,而且也不是通常意义上的文学家,尽管他 1930 年获得了德国文学的最高奖——歌德文学奖,虽然和罗曼·罗兰、托马斯·曼、茨威格、里尔克、萨尔瓦多·达利等一流文学艺术家有过密切的交往;但是,他深

---

① [奥地利]弗洛伊德:《弗洛伊德论美文选》,张唤民、陈伟奇译,知识出版社,1987 年版,第 151 页。

② [奥地利]弗洛伊德:《弗洛伊德论美文选》,张唤民、陈伟奇译,知识出版社,1987 年版,第 160 页。

谙文学艺术的创作和鉴赏之道,并能体会出个中三昧。

《弗洛伊德论美文选》里的九篇文章就有六篇涉及到文艺创作和审美接受,如《〈俄狄浦斯王〉与〈哈姆雷特〉》《论戏剧中的精神变态人物》《米开朗琪罗的摩西》等。如在谈到索福克勒斯创作的《俄狄浦斯王》时,他说:"戏剧的情节就这样忽而山穷水尽,忽而柳暗花明——这个过程正好与精神分析过程相类似——从而逐步揭示俄狄浦斯本人正是杀死拉伊俄斯的凶手,且还是被害人和伊俄卡斯忒的儿子。"[1]看来,弗洛伊德是非常懂得戏剧结构起承转合、人物命运跌宕起伏、故事情节大开大合这类艺术技巧的美学魅力的。《哈姆雷特》"与《俄狄浦斯王》来自同一根源",但是,莎士比亚"试图描写出一个病理学上的优柔寡断的性格"。[2] 虽然两部戏剧都是复仇主题,但不同的情节构思、矛盾设置和人物命运安排,呈现出全然不同的艺术魅力。

导致在审美接受上的"多种解释",他以上述两部悲剧说明:"所有真正创造性作品同样也不是诗人大脑中单一的动机和单一的冲动的产物,并且这些作品同样也面对着多种多样的解释。"故此才有"无法逃离命运的俄狄浦斯"和"一千个读者就有一千个哈姆雷特"。很多戏剧,特别是悲剧,在弗洛伊德眼中里面的主角几乎是"变态人物"。为何如此呢?他发现观众的性兴奋被压抑,"他感到自己是一个'可怜的人'……他不得不长期沉

---

[1] [奥地利]弗洛伊德:《弗洛伊德论美文选》,张唤民、陈伟奇译,知识出版社,1987年版,第14页。

[2] [奥地利]弗洛伊德:《弗洛伊德论美文选》,张唤民、陈伟奇译,知识出版社,1987年版,第17页。

沦",然而"他渴望成为一个英雄。剧作家和演员通过让他以英雄自居而帮助他实现了这一愿望"。[①] 弗洛伊德是以一个普通观众接收者的身份来理解悲剧的,通过欣赏戏剧释放压抑和郁闷,获得快乐和享受。

在《作家与白日梦》中,从如何给人释放压抑、得到快乐的角度,较为详细地阐述了艺术创作的"白日梦"即想象力。首先,想象与童年的关系。众所周知,儿童的想象是最纯粹、最简单、最快乐的;由于"孩子在玩耍时,行为就像是一个作家",因此他指出,要"在童年时代寻找想象活动的最初踪迹"[②];并且儿童的想象和游戏、玩耍有着密切的联系。其次,想象和真实的关系,通常认为想象就是无中生有的虚构,但是儿童既能"把想象中的事物和情景与真实世界中可能的和可见的事物联系起来",又能"把它同现实严格地区分开来"[③];并进一步论述作家艺术的创作如何才能产生乐趣,如果太真实了,"就不能产生乐趣,在虚构的戏剧中却能产生乐趣。"[④]最后,想象与时间的关系,他认为创作是立足于当下而对过去带有幻想性质的回忆,并且这种"心理活动创造出一个与代表着实现愿望的未来有关的情况","这样,

---

① [奥地利]弗洛伊德:《弗洛伊德论美文选》,张唤民、陈伟奇译,知识出版社,1987年版,第21页。
② [奥地利]弗洛伊德:《弗洛伊德论美文选》,张唤民、陈伟奇译,知识出版社,1987年版,第29页。
③ [奥地利]弗洛伊德:《弗洛伊德论美文选》,张唤民、陈伟奇译,知识出版社,1987年版,第29页。
④ [奥地利]弗洛伊德:《弗洛伊德论美文选》,张唤民、陈伟奇译,知识出版社,1987年版,第30页。

过去、现在和未来就串在一起了,似乎愿望之线贯穿于它们之中。"[1]这些见解充分显示了他作为一个美学家对艺术创作的精准而精辟的理解。

在《米开朗琪罗的摩西》一文中,他对审美接受有着直感而深刻的阐述。首先,他开门见山地说:"艺术作品的题材比它的形式和技巧上的特点更有力地吸引我",因为题材代表着一个生活领域,也是一个人物的生活世界,无疑这符合他的精神分析对人的理解。其次,他直截了当地说,能够吸引他的艺术种类,首推文学和雕塑,其次是绘画,对音乐几乎是"音盲",估计是音乐在传达创造者和欣赏人的内心世界是极其抽象而玄妙的,很难进行艺术主体的精神分析。最后,他不无困惑地说,对他而言,"某些最美妙和最杰出的艺术作品成了不解之谜",尤其是这尊《摩西》雕像充满着很多"不可思议"的地方。

三、从文艺美学到生命美学

弗洛伊德不论从事什么样的工作都是为了人的工作,不论投身什么样的事业都是提升人的事业。他既是职业意义上的心理治疗医师和专业意义上的精神分析学家,也是人学意义上的"人类精神捕手",还是美学意义上的生命美学家,如一个美国学者评价的那样,他是堂吉诃德一样的"沉睡灵魂的唤醒者"。[2]

《弗洛伊德论美文选》在准确意义上不是一部哲学意义上的

---

[1] [奥地利]弗洛伊德:《弗洛伊德论美文选》,张唤民、陈伟奇译,知识出版社,1987年版,第33页。

[2] [美]斯佩克特:《弗洛伊德的美学》,高建平译,四川人民出版社,2006年版,第278页。

美学原理，而是一部生命美学意义上的文艺美学，但这丝毫不影响他在西方生命美学历史上的地位。

首先，有艺术作品诞生的分析。

如《〈俄狄浦斯王〉与〈哈姆雷特〉》，他认为这两部伟大的戏剧"表现出两个相距甚远的文明时代的精神生活的全然不同，表明了人类感情生活中的压抑的漫长过程"。[①] 这不但说明了艺术表现人类的精神生活，而且阐明了这不是一般的表现，而是备受压抑后的精神生命的突围和反抗。至于《作家与白日梦》更是一篇艺术创作的精神分析经典论文，不是一般性地论述艺术创作的想象，而是鞭辟入里地阐述了"白日梦"的内涵、缘起、特征和意义，"富有想象力的作品给予我们的实际享受来自我们精神紧张的解除。……作家使我们从作品中享受到我们自己的白日梦"。[②]《列奥纳多·达·芬奇和他童年的一个记忆》更是一篇全面剖析艺术家创作动因的长篇论文。

其次，有艺术形象意义的论述。

上述这篇文章中也论述了蒙娜丽莎经典形象"微笑"的意义："我们所熟悉的这个迷人的微笑引导我们猜想那是一个爱的秘密"，并通过这个表情"来否认他的性生活的不幸，或在艺术中战胜了这个不幸"。[③] 艺术形象是艺术家个人内心世界的折射。又如《论戏剧中的精神变态人物》探讨了艺术人物形象的意义，

---

① ［奥地利］弗洛伊德：《弗洛伊德论美文选》，张唤民、陈伟奇译，知识出版社，1987年版，第17页。

② ［奥地利］弗洛伊德：《弗洛伊德论美文选》，张唤民、陈伟奇译，知识出版社，1987年版，第37页。

③ ［奥地利］弗洛伊德：《弗洛伊德论美文选》，张唤民、陈伟奇译，知识出版社，1987年版，第86页。

不过这里的"变态"不可狭义理解,是指悲剧戏剧中失败了的英雄人物,剧作家如何既充分表现了剧中人物的悲惨和不幸,又能给观众提供"直观快乐",进而"释放那些被压抑的冲动,纵情向往在宗教、政治、社会和性事件中的自由"。[1] 人们对米开朗琪罗塑造的摩西有着种种不同的理解,但他认为这是一个能克制愤怒并体现上帝精神的犹太教的先知。

最后,有作家人格的分析。

他指出达·芬奇童年独特经历而形成的恋母情结导致了他冷淡异性而偏爱同性的"变态人格",而歪打正着地唤醒了他的创造性人格,因此在科学发明和艺术创作上取得了非凡的成就,从而证明了"很多人成功地把他们的性本能力量的相当重要的一部分引向他们的专业活动"。[2] 病态人格的关注是弗洛伊德研究的重点,艺术作品中的俄狄浦斯王、哈姆雷特,艺术家、作家中的达·芬奇、陀思妥耶夫斯基均成了不朽的典型和伟大的典范,特别是在《陀思妥耶夫斯基与弑父者》一文中,通过对这位病态式天才作家和他笔下人物的剖析,揭示了现实中的作家与作品里的人物如出一辙,他之所以要写那些赌徒、强盗、杀人犯等,是因为"一个罪犯对陀思妥耶夫斯基来说几乎就是一个救世主"。[3] 通过创造的艺术形象来让自己获得新生,如此人格不仅奇特,而且伟大。

---

[1] [奥地利]弗洛伊德:《弗洛伊德论美文选》,张唤民、陈伟奇译,知识出版社,1987年版,第21页。

[2] [奥地利]弗洛伊德:《弗洛伊德论美文选》,张唤民、陈伟奇译,知识出版社,1987年版,第54页。

[3] [奥地利]弗洛伊德:《弗洛伊德论美文选》,张唤民、陈伟奇译,知识出版社,1987年版,第162页。

如果没有对生命,尤其是被忽略的、非主流的另类生命的深切体认,《弗洛伊德论美文选》所体现出来的弗洛伊德的美学思想如果仅仅停留在文艺领域,那就不能充满生命的意义而成为生命美学的经典理论。他是怎样体现从文艺美学到生命美学的升华呢?

首先,追求生活的"直观快乐"。

快乐是弗洛伊德毕生工作和事业追求的最大效果和现实目标,这是一种"纯形式的——亦即美学的——快乐,以取悦于人。我们给这类快乐起了个名字叫'直观快乐'"。① 无疑,这是具有"烟火气"的快乐,犹如他一直为"性"正名的快乐一样。弗洛伊德是一位懂得生命享受的美学家。

其次,采取人生的"幽默态度"。

追求并享受快乐无疑是任何生命的首选,但悲本体的人生无时不困厄着我们,弗洛伊德指出,"一个人为了防止可能的痛苦而对自己采取幽默态度",从而使得自我"在受到这个压抑之后的自我解放"。② 当然这是有限的精神解放,相似于阿Q的"精神胜利法"。这些于芸芸众生而言,弥足珍贵。

最后,完成生命的"本能升华"。

在弗洛伊德的语境里有压抑必有升华,如果说压抑带来痛苦,那么通过艺术和审美就能感受幸福生活,在《弗洛伊德论美文选》最后一篇《论升华》里说:"本能的升华借助这一改变",而

---

① [奥地利]弗洛伊德:《弗洛伊德论美文选》,张唤民、陈伟奇译,知识出版社,1987年版,第37页。

② [奥地利]弗洛伊德:《弗洛伊德论美文选》,张唤民、陈伟奇译,知识出版社,1987年版,第144、145页。

最大的改变莫过于体会到"生活中的幸福主要来自对美的享受"。① 从自然美到艺术美再到人的美,这是感性而全面的幸福升华。

综上所述,我们应该如何理解弗洛伊德的美学,尤其是他的生命美学,目前尚未发现国内有系统而完整的著述,仅有高建平翻译的一部不太知名的美国人杰克·斯佩克特的《弗洛伊德的美学——艺术研究中的精神分析法》,从副标题看,依然是一本艺术美学,全书的"结语"说道:

> 弗洛伊德的"美学"从根本上说是浪漫主义艺术理论在某一方面的进步——浪漫主义与现代的、新的独创无关,而是与埋藏着的愿望和感情的无意识有关的方面,与旧的想象概念联系在一起。这种美学的主要任务,是勾画出艺术家的心灵,尤其是象征,与无意识接触的途径,并且揭示出这种心理过程是怎样"体现到"客观的作品之中的。②

这个评价是否准确,姑且不论。的确,弗洛伊德的美学属于艺术美学范畴,但由于弗洛伊德的精神分析学的对象是人,他分析了人的无意识、白日梦和里比多,这是生命最隐秘而被忽略或很难触及的地带,是对生命新大陆的发现和探险,就此而言,他的美学是当之无愧的生命美学,只不过在《弗洛伊德论美文选》

---

① [奥地利]弗洛伊德:《弗洛伊德论美文选》,张唤民、陈伟奇译,知识出版社,1987年版,第170、171页。
② [美]斯佩克特:《弗洛伊德的美学》,高建平译,四川人民出版社,2006年版,第275页。

里借助的对象是艺术,我们都知道从艺术视域进入美学分析是美学理论的通理和通例,因此,他的美学是在超越艺术美学后,以精神分析为依托,以艺术理论为桥梁,以人生快乐为目标的真正的生命美学。

《弗洛伊德论美文选》揭示了由本能到升华的生命价值。

弗洛伊德的生命美学更展示了从魔鬼到天使的生命意义。

附录二：
超越艺术　拥抱生命
——《论非永恒性》的美学价值

如果仅有《弗洛伊德论美文选》九篇文章还不足以形成完整意义上的弗洛伊德美学，尤其是弗洛伊德生命美学概念之成立和生命美学理论之构成，其最大的原因就是这九篇文章都是谈论文艺问题，其中《精神分析学在美学上的应用》一文开篇第一句就是："精神分析学令人满意地解释了有关艺术和艺术家的某些问题"，[①]全文着重剖析了艺术家追求精神世界的想象自由、快乐享受，属于文艺美学范畴，只有《论升华》虽然略有涉及艺术，但总体立意属于生命美学，全文关注的是"对美的爱"所彰显出的人类生命意义的精神升华。

而真正超越艺术，拥抱生命的当是《文明及其不满》一书中的《论非永恒性》。

一、非永恒性的表现：由自然美景到文化成就

弗洛伊德的诗人朋友面对鲜花盛开的景色，叹道："一切美景注定要成为过去，夏日的明媚不久就会逸逝在隆冬的严寒之

---

① ［奥地利］弗洛伊德：《弗洛伊德论美文选》，张唤民、陈伟奇译，知识出版社，1987年版，第139页。

中。"中国的李白一样敏锐地感受到了非永恒性，"光阴者，百代之过客也"。置身美好的时光，他们感觉到了"一切人类的美景都逃不出这种命运的羁縻，人类所创造的一切美与高雅都不能幸免，这种想法深深地咬噬着诗人的心灵"。诗人和我们所有人一样都是爱美之人，触景生情而"更能消，几番风雨，匆匆春又归去"。这里美丽的自然和美好的人生发生了共鸣，对春天的惋惜实际上是对生命的挽留。并且"一年以后战争爆发了，世界上美的东西遭到了浩劫"。这"美的东西"就是人类文明创造的正义和秩序、良知和伦理一类的文化成就，它们本来应该是永恒的，但罪恶的战争摧毁了这一切，更为不幸的是被弗洛伊德遭遇上了。

从哲学的意义看，没有什么是永恒的。古希腊哲人赫拉克利特说过："人不能两次踏入同一条河流。"但追求永恒又是人类的宿命，由此导致有意义生命的悲本体蕴意。

二、非永恒性的原因：由诗人感受到哲人感悟

为什么会存在非永恒性，首先源于个体感知。亲情和友谊、事业和荣誉，乃至生命本身的可变性、有限性和短暂性，对此弗洛伊德早有领教，只不过这里借诗人之口说了自然美景的非永恒性。在人们一般认知中日月星辰和江河湖海具有万古长存的美学价值，但由于个体生命时间和认知的有限，因而他不但认同诗人的感受，而且承认人体容貌、艺术作品、伟人思想之于这位诗人朋友和他自己而言是非永恒性的。诗人的感受引出了哲人的感悟："人类所创造的一切美与高雅都不能幸免。"为了使这个结论具有逻辑的周延，他严谨地说道："我既不断然排斥一般的非永恒性，也不能替美和完善找出一个永恒存在的例子。"他进

一步说道,只有地球都不存在了,"美与完善本身就不需要再继续下去了,因为,它们已经不依赖于时间的延续了。"就此而言,没有什么是永恒的。

以上分析说明,永恒性和非永恒性是一个相对性的时间概念,加之诗人的感性体验和哲学家的理性认知存在着一定的矛盾而导致这个问题的更加严峻。是的,哲学家只能提出问题。

三、非永恒性的意义:由悲愁情绪到崇高意念

面对非永恒性而形成两种不同的选择,其所包含的意义大相径庭。一是万事皆空的悲愁情绪,这位诗人朋友黯然神伤,悲观至极。"在已成为必然的非永恒性的命运的操纵之下似乎已经暗淡失色"。的确时光匆匆,留不住美好,一切都是过眼烟云。一是事在人为的崇高意念。弗洛伊德就认为:"那种美的非永恒性的观点竟给对美的愉悦蒙上阴影,这实在不可理解。"根据物质不灭的定律,虽然美景易逝,韶华难再,但"它们一定会以某种方式继续存在,战胜一切毁灭性的威胁"。他们观点的分歧,牵扯到对"美自身的价值"的理解。弗洛伊德从非永恒性中发现了永恒性的价值,他说道:"美的短暂性会提高美的价值!"只要精神不死,信仰犹在,"死本能"的非永恒性就会转化为"生本能"的永恒性,"只要我们还年青,还富于蓬勃的生命力",那就拥有性力崇高的"爱本能"。

"芳林新叶催陈叶,流水前波让后波。"一个真正的诗人和美学家不仅多愁善感,而且世事洞明,更懂得生生不息。弗洛伊德在文章的最后坚信:"我们要重新建设被战争破坏掉的一切,幸运还比以前有更加坚实的基础和持久性。"万物皆灭,唯有精神永存!

从宇宙大爆炸到生命体出现,从浩瀚的银河系到微小的单细胞,从星移斗转到寒来暑往,从十月怀胎到百年人生,没有什么是永恒的,运动与变化本身才是永恒的,就像古希腊著名哲学家赫拉克利特总结的:"一切皆流,无物常驻。"说明非永恒性是世界的本真。那人类的生命意义何在呢? 弗洛伊德在《论非永恒性》里回答说:"只要我们还年青,还富于蓬勃的生命力,就应用有相等的价值或有更高价值的东西来代替所失去的对象。"

是的,正如1986年的一首歌《每一次》唱的那样:

希望还在,明天会好,历经悲欢,也别说经过了。

后记：弗洛伊德是一面镜子

说弗洛伊德是魔鬼或天使都是不够的，他还是一面镜子。

这位大胡子犹太人早在上个世纪初就进入中国了，尤其是八十年代中期，他的名字风行中国大地，他的《精神分析引论》《爱情心理学》《梦的解释》《图腾与禁忌》等，从大学校园迅速传播到了社会各界。我当时也用微薄的工资购买了他的著作，似懂非懂，也是囫囵吞枣似的读了几本，很快就束之高阁了。去年九月，我自驾游新疆，正在欣赏天山天池的湖光山色时，突然接到了潘知常教授从深圳打来的电话，邀请我加盟他领衔的"西方生命美学经典名著导读丛书"的写作团队，承担《弗洛伊德论美文选》一书导读的撰写，从潘教授的语气中，我连婉拒的余地都没有。

我的学术重点是美学理论和中国现当代文学，也旁及艺术学、教育学、语言学，甚至文化产业管理，我之所以敢于接受这个任务，愿意再一次挑战自己，借弗洛伊德深层精神分析理论透视发现，是因为原来我心中有一个"弗洛伊德"，或者说弗洛伊德理论的三大"要点"犹如一面凸透镜精确地聚光于我生命的"底片"：

他对"无意识"的揭晓与我不断"自我超越"的人生理念不谋而合；

他对"白日梦"的揭示与我不懈"幻想成功"的人生理想不期

而遇；

他对"里比多"的揭秘与我不停"张扬活力"的人生理解不约而同。

其实，我们每个人心中都有一个作为镜子似的"弗洛伊德"，因为他的学说不仅映照出了"我"的人生面貌，更是投映出了所有追求有意义生命的人的人生形象。

既聚焦个体生命的最幽深处，又辐射人类生命的最广泛面，这就是弗洛伊德理论呈现的璀璨而绮丽的美学微光。

借拙著的付梓，十分感念潘知常教授的学术信任，真诚感谢孙金荣老师的编辑辛劳，当然还有我的家人和朋友的付出和关心。

范　藻
于成都市清水河畔
2025 年 7 月 8 日